TO ROLL ON

Ein Blick
auf die Welt
in spannenden
Essays

INHALT

VORWORT

Hätte vor 20 Jahren jemand zu mir gesagt: „Franz, du schreibst einmal ein Buch", ich hätte ihm geantwortet: „Du bist komplett verrückt".

Damals: Ein junger Bauer Franz, den Kopf voll mit Plänen, Träumen und Wünschen, angetrieben von einem ungeahnten Tatendrang – ich wäre niemals vor ein leeres Blatt Papier gesessen und hätte eine Geschichte aufgeschrieben. Die Zeit dafür wäre viel zu schade gewesen.

Heute sieht das anders aus. Im gesetzten Alter spielen Gedanken, Beziehungen, Erinnerungen, Lebenserfahrungen und der Blick in die Zukunft eine wichtige Rolle. Das Materielle rückt in den Hintergrund.

Auf den folgenden Seiten lasse ich euch ein wenig in mein bewegtes Leben blicken.

Ich hoffe, ihr spürt die Lebensfreude und die Begeisterung, mit der ich meinen Beruf ausübe.

Viel Freude beim Lesen wünscht der

Franz

GLÜCKSGEFÜHL – TO ROLL ON

Ungefähr im halbjährlichen Rhythmus ereilt mich die freundliche Einladung meiner Frau, sie nach Füssen zum Einkaufen zu begleiten. Wenn ich ihre Worte höre: „Franz, du brauchst a neues Häs", (Gewand, in Hochdeutsch) dauert es nicht mehr lange.

Vorige Woche war es dann so weit: Hoch motiviert und in bester Kauflaune, wohl wissend, dass zu Hause ein Haufen Arbeit liegen bleibt, bestieg ich unser Auto und chauffierte meine Frau in die Stadt.

Schon am Ortsschild, die Karawane vor mir betrachtend, beschlich mich die Ahnung: „Bauer Franz, das ist nicht dein Tag." Nach unendlichem Suchen erscheint der ersehnte Parkplatz. Natürlich weitab jeglicher Zivilisation. Das heißt, Fußmarsch in Richtung Innenstadt. Den Menschenmassen folgend, schreiten wir in die Fußgängerzone. Die Unterhaltung beschränkt sich auf das Notwendigste.

Einkaufen ist halt nichts für Männer

Mein Gesicht erhellt sich erst, als ich die Eisdiele erkenne. Drei Kugeln Eis in der Waffel. Das muss einfach sein, das hebt die Stimmung.

Frisch gestärkt geht es nun von einem Bekleidungsgeschäft ins nächste. Die eine Hose zwickt, die andere ist zu kurz, und dort ist das Hemd zu bunt. Mit großer Geduld und freundlicher Mine präsentiert mir eine nette Verkäuferin im letzten Geschäft ein Häs, das meinen Vorstellungen entspricht. So, das war's jetzt wieder für ein halbes Jahr, denke ich mir.

Mit vollbepackten Einkaufstüten verlassen wir den Laden in Richtung Drogerie. Meine Frau ist auf der Suche nach Kosmetikartikeln. Damit die Zeit einigermaßen sinnvoll vergeht, schlendere ich durch die Regale und spähe nach Zahnpasta mit biologischem Hintergrund.

Auf einmal sehe ich das Glücksgefühl

Unscheinbar, versteckt zwischen allerlei Deodorants, entdecke ich plötzlich das Glücksgefühl. Ich wundere mich, was die Kosmetikindustrie alles herstellen kann. Und so bequem zum Auftragen auf die Haut… Ich bin begeistert. In dieser Firma müssen schon sehr intelligente Leute arbeiten, die es fertigbringen, das Glück in so eine kleine Glasflasche abzufüllen. Woher die das wohl zukaufen? Oder stellen die das selber her, so ähnlich wie bei der Homöopathie? Fragen über Fragen.

Mein Entschluss steht aber fest: Das will ich unbedingt probieren. Ob das wirklich hilft, wenn ich mir das Deo unter die Arme schmiere? Ich suche mir einen Tag raus, an dem ich geladen bin. Wenn mich irgendwas besonders ärgert. Dann gehe ich ins Bad und wage das Experiment.

Der Tag ist gekommen

Es hat zwar eine Weile gedauert, aber irgendwann war er da. Der Tag, an dem alles schief ging, was schief gehen konnte. Irgendwann erinnerte ich mich an mein Glücksgefühl, das so einsam im Badschrank stand, und das ich doch ausprobieren wollte.

Missmutig stiefelte ich ins Bad und forschte nach dem Fläschchen Deo. Oberkörperfrei, und los geht's. Jetzt nicht sparen, denn viel hilft ja bekanntlich viel.

Wie die Geschichte ausgegangen ist, das kann ich euch noch nicht berichten. Ich vermute, das dauert eine Weile, bis das Glücksgefühl wirkt. Inkubationszeit heißt das, soweit ich mich erinnern kann.

Meine Frau hat mich dann im Bad stehen sehen, mir ins Gesicht gesehen und gemeint: „Franz, komm zu mir in die Küche, trinken wir einen Kaffee und essen einen Faschingskrapfen. Dann sieht die Welt wieder anders aus." Und da war es, das Glücksgefühl…

Obwohl man es einer Kuh nicht ansieht, so behaupte ich,
hat sie ein Vertrauen in ihren Bauern.
Sie merkt, dass es der Bauer gut mit ihr meint.

Kuhkuscheln

Einige Bauernhöfe in Deutschland bieten das Kuscheln mit ihren Kühen an. Kuhkuscheln stammt ursprünglich aus den Niederlanden. Da beim Streicheln von Tieren Glückshormone ausgeschüttet werden, entspannen Menschen dabei und bauen Stress ab. Das ist auch die Grundlage tiergestützter Therapieverfahren in der Medizin. Bekannt ist der Einsatz von Hunden, Katzen, Pferden, Lamas oder Delfinen. Offenbar haben auch Kühe das Potenzial, Balsam für die Seele zu sein.

DIE KUH, DEIN PSYCHIATER, DER DIR KEINE FRAGEN STELLT

Urlaub auf dem Bauernhof boomt. Das ist keine Frage. Aber was ist es genau, das die Ferien auf dem Bauernhof so beliebt macht?

Ich behaupte, das ist die Kuh und auch die anderen Tiere auf dem Hof, die eine einzigartige Ruhe ausstrahlen und allem eine gewisse Sinnhaftigkeit geben. Wir alle leben in einer stressigen Welt. Alles ist getaktet, organisiert und verplant. Wenn wir dann mal freihaben, und abschalten könnten, dann geben wir uns dem Smartphone hin, chatten meist sinnlos, oder lassen uns zu Spielen hinreißen, die nur kostbare Zeit verschwenden.

Sehnen wir uns dann insgeheim nicht in eine Welt, in der wir Ruhe spüren?

Ja, diese Oase gibt es, und ich zeige euch, wo ihr sie findet: auf einem kleinbäuerlichen, familiär geführten Bauernhof. Wir zum Beispiel haben so einen. Mir war schon lange klar, dass ich kein Großbetrieb sein will. Ich mag den persönlichen Bezug zum Tier, besonders zur Kuh. Bei uns hat jedes Tier einen eigenen Namen, und wir respektieren uns gegenseitig. Obwohl man es einer Kuh nicht ansieht, so behaupte ich, hat sie ein Vertrauen in ihren Bauern. Sie merkt, dass es der Bauer gut mit ihr meint. Der Landwirt, der die „Sprache" der Kühe versteht, der hat einen gewissen Frieden im Stall. Die Kühe sind ruhig, sie bewegen sich träge, was ein deutliches Zeichen von Entspanntheit ist. Und wenn sie mal der Hafer sticht, wenn sie wirklich mal auf der Weide ausbüxen, dann kommen sie nach einer gewissen „Austobe-Phase" wieder zu ihrem „Herrn" zurück.

Wenn Kühe dich anschauen, dann blickst du in große, tiefgründige Kulleraugen mit langen Wimpern. Gelegentlich beobachte ich während meiner Arbeit die Feriengäste im Stall. Ich merke, dass ihnen der Kontakt zu meinen Kühen gut tut. Hingebungsvoll schieben die Gäste den Tieren das Futter vor die

Schnauze und geben sich Mühe, dass jedes Tier gleich viel Gras oder Heu bekommt. Dankbar wühlen die Kühe in dem Futter herum, suchen sich mit ihrer feinen Nase die besten Grashalme heraus, und stupsen den Rest wieder von sich weg – wohl wissend, dass die Menschen auf dem Futtertisch ja noch da sind und das Gras geduldig wieder hinschieben.

Die Schmuse-Kuh

Im Leben einer Kuh gibt es auch Momente, in denen sie satt ist. Dann hat sie Zeit, um zu schmusen. Sie leckt dabei liebevoll ihre Nachbarin am Kopf oder sie streckt ihre raue Zunge raus, um den Gästen am Arm oder am Schienbein zu schlecken. Dann höre ich meist ein lautes „Iih, das kratzt ja!" durch den Stall rufen.

Viele Kinder haben eine Lieblingskuh. Diese erkennen sie auf Anhieb aus den dreißig Kühen heraus. Wenn sich die Kinder unbeobachtet fühlen, und keiner der „Großen" zuschaut, dann setzen sie sich ins Heu und kuscheln mit ihrer Schmuse-Kuh. Wenn die Kuh dann ihre großen Ohren nach vorne richtet, fangen die Kinder an zu erzählen und unterhalten sich auf ihre Weise mit der Kuh. Manchmal höre ich auch Stimmen von Erwachsenen, die mit den Kühen reden. Als jemand, der von klein auf gewöhnt ist, mit Kühen umzugehen, macht man sich Gedanken darüber, was das für ein Phänomen ist. Es muss etwas Besonderes sein, seine eigenen Gedanken den Tieren anzuvertrauen.

Schon als kleiner Knirps war es mein Job, die Kühe von der Weide zu holen. Die Begeisterung hielt sich damals in Grenzen, als es hieß, bei sommerlicher Hitze in die Gummistiefel zu schlüpfen, den steilen Hang hinunterzulaufen, die Tiere auf der Weide einzusammeln und sie meist widerwillig nach oben in den Stall zu treiben. Glücklicherweise war auf halber Strecke ein großer Brunnentrog. Ich stieg in den Trog, ließ das eiskalte Wasser in die Stiefel laufen, und suchte die letzte Kuh, meist eine ältere Dame, und hielt mich an deren Schwanz fest. Auf diese Weise hatte ich unbewusst die ersten Kneipp-Anwendung und zugleich ein Taxi, das mich mühelos nach oben brachte. Schon damals war mir klar, dass eine Kuh neben der Milchproduktion noch ganz andere, nützliche Eigenschaften hat.

Inzwischen lebe ich schon seit über 40 Jahren mit Kühen. Ich kenne die Eigenheiten jedes Tieres. Ich weiß, um welche Kuh ich einen Bogen machen sollte, welches Tier leicht erschrickt, und welche immer zum Schmusen aufgelegt ist.

Meine Gäste erkennen in den 14 Tagen, die sie auf unserem Hof sind, die Charaktere meiner Kühe meist nicht. Sie tauchen in ihrem Urlaub in eine andere, ursprüngliche Welt ein und übernehmen für eine gewisse Zeit eine Verantwortung für die Tiere. Die Ruhe und die Gelassenheit – so glaube ich – überträgt sich auf meine Helfer im Stall.

Mit einfachen Worten zusammengefasst kann ich behaupten: Der Umgang mit Kühen ist Balsam für die Seele.

Und das ist im Endeffekt doch nichts anderes als ein Besuch beim Psychiater. Danach geht es einem besser – genauso wie nach einem Urlaub auf dem Bauernhof.

Der Umgang mit Kühen ist Balsam für die Seele.

Wer als Landwirt diese Billigschiene beliefert,
braucht sich nicht wundern,
wenn er nichts verdient.

DIE DREI „M'S"

Mein Freund Reinhold, der sich seit Neuestem im Katholischen Landvolk engagiert, lud mich kürzlich ein, ihn zur Deutschlandpremiere des Filmes „Bauer unser" zu begleiten. Landwirtschaftliche Filme, besonders mit nachdenklichen und kritischen Themen, interessieren mich ohnehin. Daher brauchte es keine große Überredungskunst vom Reinhold und ich nahm sein Angebot an. In dem Kinofilm wurden unterschiedliche landwirtschaftliche Betriebe aus Österreich vorgestellt. Vom Schweinemastbetrieb, über den großen Milchviehbetrieb, bis hin zu Direktvermarktern und Selbstversorgern mit kleinteiliger Landwirtschaft. Bei all den Landwirten, die Großbetriebe führen, war deutlich rauszuhören, dass der Handel und die Verarbeiter die Erzeugerpreise skandalös nach unten drücken. Und zwar so weit, dass die Bauern nichts mehr verdienen und sogar draufzahlen. Die Schulden bei den Banken sitzen den Landwirten im Nacken. Viele Bauern wissen sich nicht mehr zu helfen, und steigern aus der Not heraus ihre Produktionsmenge noch weiter, obwohl der Markt die Erzeugnisse nicht mehr aufnehmen kann. Ein Teufelskreis. Wie man aus dieser schrecklichen Lage herauskommt, das blieb der Film den Zuschauern schuldig.

„Bauer unser"

„Bauer unser" ist ein österreichischer Dokumentarfilm von Robert Schabus und erschien am 23. März 2017 in Deutschland. Er thematisiert die verschiedenen Mechanismen einer zunehmend industrialisierten Landwirtschaft in Europa. Anhand von Porträts mehrerer bäuerlicher Betriebe und durch Interviews mit Agrarpolitikern und Vertretern aus Handel und Verarbeitung wirft der Film einen kritischen Blick auf den damit einhergehenden Strukturwandel.

In der lebhaften Diskussion, die gleich im Anschluss des Filmbeitrages geführt wurde, meldeten sich Landwirte und Verbraucher gleichermaßen mit Aussagen wie: „So wie jetzt, so kann es nicht weitergehen", „Da muss dringend eine Veränderung her" usw. Mich hat der Film tief berührt. Nachts konnte ich schlecht schlafen, und dachte auch in den folgenden Tagen darüber nach, wie sich die Situation der Landwirte verbessern ließe. Herausgekommen sind die drei „M's".

Das erste „M" steht für „Marke"

Viele der Grundprodukte, die wir Landwirte erzeugen, landen als Massenprodukt im Kühlregal des Supermarktes, ohne dass die Qualität besonders ausgelobt wird. Als einfaches No-Name Produkt, ohne besondere Aufmachung. Hauptsache billig. Wer als Landwirt diese Billigschiene beliefert, braucht sich

Milchquote

Im Jahre 1984 führte die damalige Europäische Gemeinschaft(EG) eine Quotenregelung ein, um die Milchproduktion in den Mitgliedstaaten zu beschränken. Über die Garantiemengenregelung wurde den Milchbauern ein Kontingent zugewiesen, welches sie produzieren durften. Wer mehr Milchleistung bringen wollte, musste zusätzliche Quotenrechte hinzukaufen. Zum 1. April 2015 lief die Garantiemengenregelung aus und Milcherzeuger können unabhängig von einer Quote Milch erzeugen und anliefern.

nicht wundern, wenn er nichts verdient. Man kann die Situation betriebswirtschaftlich schönrechnen, aber irgendwann greift der Kostenvorteil durch die Senkung der Stückkosten bei höherer Auslastung nicht mehr.

Hier sehe ich die Möglichkeit, durch die Etablierung von Markenprodukten aus dem Preisdilemma herauszukommen. Diese bestechen durch eine besondere Qualität, einen hervorragenden Geschmack und/oder einen anderen Mehrwert. Das kann auch ein gesundheitsfördernder sein – warum nicht? Die Wertschöpfung durch die Erzeugung von Premiumprodukten ist auf jeden Fall höher und der Bauer bekommt auch wieder das Gefühl, dass das, was er erzeugt, von den Kunden gefragt und geschätzt wird.

Das zweite „M" steht für Mengenregulierung

Wir erleben gerade das zweite Jahr nach Beendigung der Milchquote. Diese Quote wurde eingeführt, um die Milchmengen einigermaßen im Griff zu haben. Gelungen ist dies leider mehr schlecht als recht. Wir aktiven Bauern haben sehr viel Geld ausgegeben, um Quotenrechte zu kaufen, aber richtig profitiert haben am Ende nur die Landwirte, die ihre Produktion eingestellt haben und ihre Quote dann einfach verkauften. Generell ist es ja so, dass jeder Erzeuger ein Problem hat, wenn er Produkte herstellt, von denen zu viele auf dem Markt sind – das ist nicht nur bei uns Milchbauern der Fall. Daher lautet meine Botschaft: Wir Bauern müssen die Produktionsmengen regulieren. Am besten geeignet wäre eine Organisation, die in bäuerlicher Hand liegt. Ohne viel Einfluss von außen. Von Bauern, für Bauern. Mir ist wohl bewusst, dass dies ein steiniger Weg ist, bis so etwas auf den Beinen steht. Sicher hat die Kartellbehörde oder die EU aus Brüssel etwas dagegen einzuwenden. Aber ein Versuch wäre es doch wert. Wer soll sich denn sonst um uns kümmern? Dem Handel und den Molkereien ist es schlichtweg egal, ob wir Bauern etwas verdienen oder draufzahlen. Bei unseren Marktpartnern ist die Gewinnmarge entscheidend, und die passt immer – egal, ob die Erzeugerpreise für uns Bauern hoch sind, oder niedrig.

Das dritte „M" steht für Media

Ist euch schon mal aufgefallen, was es für tolle YouTube Videos von uns Landwirten gibt? Wir Bauern gehen mit der Zeit und lassen uns was einfallen. Wir öffnen virtuell unsere Stalltüren und erklären Betriebsabläufe, lassen Drohnen durch den Stall fliegen, montieren Webcams, betreiben neben YouTube weitere Kanäle, z.B. myKuhtube.de, nutzen Blogs usw.

Denn bei uns Milchbauern ist es wie bei vielen anderen Betrieben, Marken usw. Wir müssen uns bekannter machen und über verschiedene Kanäle mit euch, den Konsumenten, kommunizieren. Denn nur wenn ihr wisst, wie wertvoll, langwierig und mühevoll der Herstellungsprozess der Lebensmittel ist, die ihr verspeist, könnt ihr nachempfinden, warum die Preise auf Dauer nicht so niedrig bleiben dürfen, wie sie aktuell sind. Nur wenn ihr wisst, wie viel Arbeit in eurem Essen steckt, dann seid ihr bestimmt auch bereit, mehr dafür zu bezahlen.

Viele von euch wissen das schon zu schätzen, man sieht es am steigenden Interesse für nachhaltig produzierte Lebensmittel. Und ihr könnt Druck ausüben. Druck auf die Hersteller, die uns mit niedrigen Preisen knechten. Ihr könnt beim Hersteller oder Händler nachfragen und nachbohren: „Wo kommt deine Milch her?", „Was ist drin im Käse/der Wurst?", „Wo wurde das Lebensmittel hergestellt?", „Aus welchen Quellen beziehst du deine Ware – ist die wirklich regional und nachhaltig produziert, oder steht das nur so auf dem Etikett?".

Und deshalb gehen wir Landwirte mit der Zeit und nutzen die Medien. Um euch, liebe Verbraucher, zu informieren und auch teilhaben zu lassen am Entstehungsprozess der Lebensmittel, die ihr täglich auf eurem Teller habt.

Natürlich geht so ein Umdenken nicht von heute auf morgen, aber ihr kennt das Sprichwort: „Steter Tropfen höhlt den Stein." Jeder von uns ist so ein Tropfen. Also seid neugierig, fordernd, macht euch am Kühl- oder Brotregal Gedanken darüber, welches Produkt ihr kauft. Mit dem Griff ins Regal entscheidet ihr, ob ihr dem Bauern in der Nachbarschaft die Existenz sichert, oder nicht.

DIE HANDY-SCHEIBENWISCHER

Als ich kürzlich mit meiner Frau auf einem gemütlichen Sonntagsspaziergang unterwegs war, kamen wir an einem alten, unbewohnten Bauernhof vorbei. Der Weg führte um den abgeschiedenen Hof herum. Als ich einen Blick hinter die Scheune warf, begannen meine Augen zu glänzen. Stand da nicht einsam und verlassen eine alte Dreschmaschine? So eine, auf der wir Kinder damals spielten? Mein Herz schlug höher. Da niemand zu sehen war, näherte ich mich der altertümlichen Maschine und begann sie zu inspizieren. Meine Kindheitserinnerungen wurden wach, und ich dachte verträumt an die Zeit zurück, als wir gemeinsam mit den Nachbarskindern auf genau derselben Maschine spielten. Die Dreschmaschine war DER angesagte Treffpunkt nach der Schule.

In ihr konnte man sich verstecken, herumkriechen, auskundschaften, für was die einzelnen Bauteile wohl nütze waren, und man konnte vor allem Schrauben herausdrehen. Die konnte man immer gebrauchen, zum Beispiel für andere Bauprojekte, wie Seifenkisten, Anhänger, Baumhäuser usw. Wir brauchten dann so viele Schrauben, bis am Ende die Maschine in sich zusammenkrachte.

Ärger gab es damals aber keinen, denn die Dreschmaschine brauchten unsere Eltern nicht mehr. Die Zeit des Getreideanbaus war vorbei. Ärger gab es aber zum Beispiel, wenn wir das Benzin aus der Motorsäge des Vaters herausließen und in unser Moped schütteten. Wenn der Vater dann in den Wald wollte, und die Motorsäge nicht ansprang, dann war eine Standpauke angesagt. Diese haben wir in den meisten Fällen aber gut vertragen, denn wir hatten ja vorher unseren Spaß beim Mopedfahren.

Seifenkisten waren der Anfang

Der absolute Renner unserer Kindheit war aber der Bau unserer Seifenkisten – für die wir ja immerhin schon mal die Schrauben hatten. Die Fertigung begann mit der Suche nach einem geeigneten Grundträger.

… dann gehen sie auf Spielplätze
mit vorgefertigten Spielgeräten –
von Erwachsenen entworfen, für Kinder gebaut;
das kann nicht funktionieren.

Ein alter Kinderwagen war der erste Prototyp, sozusagen das Vorserienmodell. Schnell zeigte sich aber, dass das Fahrzeug unsere kurvenreiche zwölfprozentige Gefällestrecke nicht lange aushielt. Es musste etwas Besseres, Stabileres her. Wir stöberten so lange in Vaters Alteisenhaufen, bis wir vier Räder eines Heuwenders aufgetrieben hatten. Als dann noch ein altes Autolenkrad und ein Traktorsitz zum Vorschein kamen, konnte die Montage unseres verbesserten Renners beginnen. Papa schweißte uns aus ein paar alten Rohren einen vernünftigen Rahmen. Als alle Bauteile montiert waren, versahen wir unseren „Ferrari" noch mit roter Farbe, und nach dem Trocknen gingen wir mit unserem Renner auf die Straße. Zum Glück haben unsere Eltern nie gesehen, welche waghalsigen Manöver und Rennen wir uns lieferten…

Und was erleben die Kinder heutzutage?

Heute sitzen unzählige Knirpse in ihren Wohnzimmern vorm PC oder dem Smartphone und beschäftigen sich stundenlang mit Spielen, deren pädago-

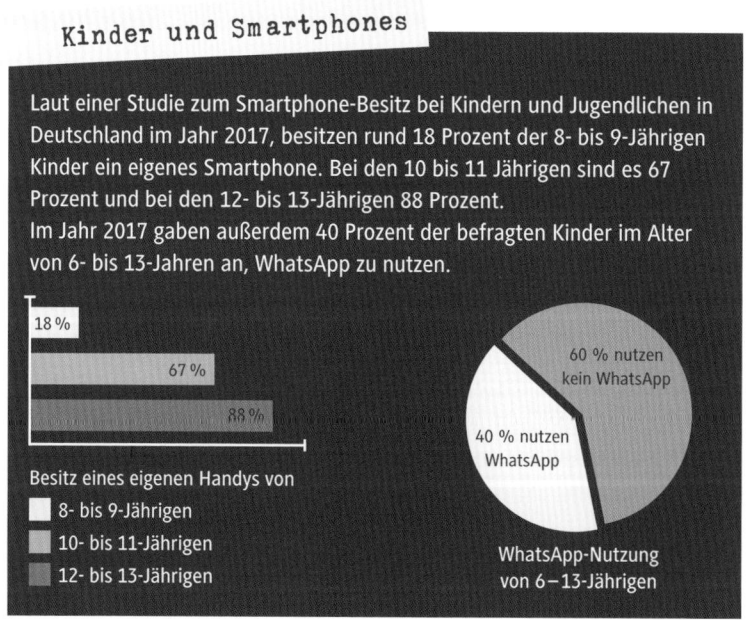

Kinder und Smartphones

Laut einer Studie zum Smartphone-Besitz bei Kindern und Jugendlichen in Deutschland im Jahr 2017, besitzen rund 18 Prozent der 8- bis 9-Jährigen Kinder ein eigenes Smartphone. Bei den 10 bis 11 Jährigen sind es 67 Prozent und bei den 12- bis 13-Jährigen 88 Prozent.
Im Jahr 2017 gaben außerdem 40 Prozent der befragten Kinder im Alter von 6- bis 13-Jahren an, WhatsApp zu nutzen.

18 %

67 %

88 %

Besitz eines eigenen Handys von
8- bis 9-Jährigen
10- bis 11-Jährigen
12- bis 13-Jährigen

60 % nutzen
kein WhatsApp

40 % nutzen
WhatsApp

WhatsApp-Nutzung
von 6–13-Jährigen

gischer Wert meist bezweifelt werden darf. Ich denke, dass es sich manche Eltern hier bei der Kindererziehung etwas zu einfach machen. Frei nach dem Motto: „Das Kind ist beschäftigt, und wir haben unsere Ruhe".

Bei dieser Methode bleiben die kindliche Entwicklung, die Feinmotorik, die Kreativität, die sozialen Kontakte und vieles mehr auf der Strecke.

Und falls den Kindern doch mal „die Decke auf den Kopf fällt" und sie ihre Wohnung verlassen, dann gehen sie auf Spielplätze mit vorgefertigten Spielgeräten – von Erwachsenen entworfen, für Kinder gebaut; das kann nicht funktionieren.

Mir ist wohl bewusst, dass unsere Kindheit auf dem Bauernhof ein Privileg war. So wie wir aufgewachsen sind, das ist in der heutigen Zeit eher ungewöhnlich.

Probiert es mal mit „Urlaub auf dem Bauernhof"

Und dennoch gibt es Möglichkeiten, den Kindern ein Stückchen Natur zu bieten. Bei einem Urlaub auf dem Bauernhof zum Beispiel. Auf den meisten Bauernhöfen gibt es Platz in Hülle und Fülle – und die Gefahren einer Großstadt sind fern. Auf einem Hof gibt es Gelegenheit, mit den anderen Gästekindern Räuber und Gendarm zu spielen, eine Wasserschlacht zu machen, Tiere zu versorgen und, und, und… Viele Gastgeber haben sich als Kinderbauernhof oder Erlebnisbauern qualifiziert. Sie bieten unter anderem Spiel- und Heuscheunen an, gestalten naturnahe Spielräume oder erzählen Märchen im Heu. Bei uns auf dem Berghof Kinker sind die Märchenstunden ein besonderes Highlight. Ich freue mich jedes Mal, wenn sich die Kinderschar um mich versammelt und mir gespannt zuhört.

Genau diese Erlebnisse, die sind es, die sich bei den Kindern einprägen. Ich wünsche den Kindern viele solcher Erlebnisse und hoffe, dass sie sich oft und gerne an den Urlaub auf dem Bauernhof erinnern.

HEUBIG

Wenn ihr jetzt stirnrunzelnd vor dem Buch sitzt und euch fragt, wo ich das Wort „heubig" aufgegabelt habe, dann wundert mich das nicht.

Danach könnt ihr bei Wikipedia lange suchen – ihr werdet darauf keine Antwort finden. Eigentlich finde ich es schade, dass sich über dieses Wort noch keiner Gedanken gemacht hat, wo es doch, gerade bei uns im Allgäu, viele Betroffene gibt, die unter diesem Phänomen leiden. Wie ihr sicher schon ahnt, hat es etwas mit Heu und Bäuerlichkeit zu tun. Ich könnte mir aber gut vorstellen, dass es einen ähnlichen Ausdruck auch in anderen Branchen gibt. Dort heißt er dann eben anders. Den Ausdruck „heubig sein" gab es früher nicht. Er entwickelte sich im Laufe der Ehejahre zwischen Bauer Franz und Bäuerin Irmgard. Für das besondere Verhalten des Bauern in einer gewissen Phase musste ein Begriff gefunden werden, der diesen Zustand eindeutig beschreibt, und bei dem jeder in der Familie weiß, wie der Wind steht.

Da liegt was in der Luft

Mit dem warmen Frühlingswind beginnt auch die Heubigkeit. Die Tage werden länger, die Wiesen sind längst gedüngt, und das Gras sprießt in sattem Grün. Die Abstände, in denen der Bauer Franz mit seinem Traktor auf Wiesen fährt, um die Höhe und den Reifezustand des Grases zu prüfen, werden enger. Ab jetzt wird allabendlich der Wetterbericht im Fernsehen angeschaut, denn was die im Radio erzählen, das kann glauben wer mag, der Bauer Franz auf jeden Fall nicht. Ob ein Hochdruckgebiet im Anmarsch ist, wo es herkommt, wie lange es hält – das zeigt nur die Wetterkarte.

Ein deutliches Anzeichen der beginnenden „Heubigkeit" ist auch das Hervorkramen der Erntemaschinen aus dem Winterquartier. Die Messer werden geschliffen, Traktoren betankt, Maschinen geschmiert, Reifen aufgepumpt und schlussendlich die Gerätschaften so geparkt, dass jedes Gerät je nach Einsatzzweck griffbereit dasteht.

Nun stellt sich langsam die Frage, welcher Bauer dieses Jahr die Erntesaison einläutet. Der Bauer, der es als Erstes wagt, mit dem Mähwerk über die Wiesen zu fegen, der löst meist eine ganze Welle aus. All die Zögerer und Zweifler, denen das Gras bislang noch viel zu jung war, die kommen plötzlich in Wallung und besteigen voller Elan ihre Traktoren. Mir scheint, da sind gewisse Hormone im Spiel.

Das Gewitter entlädt sich

Zwischenzeitlich verfinstert sich die Mine der Bäuerin. Wie jedes Jahr sieht sie der Entwicklung mit einer gewissen Besorgnis entgegen. Ist das Wetter beständig? Halten die betagten Maschinen die Beanspruchungen aus? Sind genügend Erntehelfer da? All das sind Fragen, die ihr aufs Gemüt schlagen.

Ganz im Gegensatz dazu läuft der Bauer zur Hochform auf. Jetzt gilt es, alle Energie auf eine Karte zu setzen. Der Hauptaufwuchs, der erste Schnitt, sollte in kürzester Zeit gemäht, gewendet, geschwadet und mit einem Ladewagen ins Silo gebracht werden. Je mehr Zeit vergeht, desto mehr kostbare Nährstoffe des Grases gehen verloren. Diese Phase ist auch die kritischste Zeit der Heubigkeit. Nach Möglichkeit sollten nichts und niemand den Bauern und seinen Helfer bei ihrer Arbeit stören. Jeder hat seine Aufgaben und weiß im Normalfall, was zu tun ist. Eine der größten nervlichen Herausforderung des Bauern ist die, wenn die Bäuerin den Traktor erklimmt, und anfängt, mit den verschiedenen Hebeln zu hantieren. Um die Sache richtig zu verstehen: Bauer Franz schätzt die Kochkünste seiner Frau über das Höchste, aber sobald seine bessere Hälfte den Traktor startet und sich überlegt, welchen Schalter sie heute bevorzugt, da reißt sein Geduldsfaden. Das Verständnis für die planlose Aktivität in der Fahrerkabine hält sich deswegen in Grenzen, weil die Bedienung des Fahrzeuges und der Anhängemaschine ein Jahr zuvor ausführlich erklärt wurde. Dies ist dann einer der Höhepunkte der Heubigkeit. Über die genauen Wortlaute, die in so einer Situation fallen, möchte ich mich an dieser Stelle nicht äußern. Sicher könnt ihr euch das lebhaft vorstellen. Wenn ich mich im Kreise meiner Bekannten umhöre, dann stelle ich fest, dass wir nicht die einzige Familie sind, die unter dem Phänomen der Heubig-

„Bauer Franz" genannt zu werden,
das betrachte ich als etwas Besonderes.
Für mich ist es eine Auszeichnung –
eine Art „Titel".

keit leidet. Es scheint eine jährlich auftretende Art „Krankheit" zu sein, die dörferweit grassiert, kaum zu behandeln, aber Gott sei Dank von heute auf morgen verschwunden ist, sobald das Silo zugedeckt ist.

Wer weiß, vielleicht interessiert sich irgendwann mal eine Universität für diese „Krankheit". Oder es schreibt einer eine Doktorarbeit darüber. Vielleicht gibt es in ferner Zukunft sogar Tabletten, die man beim ersten Anzeichen einnehmen kann.

Ob ich diese dann wieder ausspucke und mich dem Nervenkitzel hingebe, darüber kann ich ja noch eine Weile nachdenken…

DEN BODEN UNTER DEN FÜßEN VERLIEREN

Als ich eine Anzeige im Allgäuer Bauernblatt am Frühstückstisch sah, verschlug es mir den Appetit:

GESUCHT!
Mittelständisches Wirtschaftsunternehmen
sucht landwirtschaftliche Flächen im Unterallgäu.
Wir bezahlen TOP-Preise. Die Eigentümer können die Flächen
weiterhin bewirtschaften. Bei Interesse bitte melden.

Erzürnt rief ich zu meiner Frau: „Schau mal, wie weit wir Bauern schon gekommen sind. Jetzt strecken scheinbar geldgierige Unternehmen ihre Fänge auch bei uns im Allgäu aus. Hier, wo doch alles noch in Ordnung scheint, wo die Uhren anders ticken". Immer noch aufgeregt, fragte ich sie weiter: „Kennst du den Spruch ‚Hat der Bauer Geld, hat's die ganze Welt?'". „Ja", antwortete sie in ihrer ruhigen Art und ergänzt: „Aber die meisten Bauern haben jetzt kein Geld mehr. Die Reserven gehen drauf, um den Betrieb aufrechtzuerhalten."

Die Rettung naht

Da erscheint doch so eine Anzeige genau im richtigen Moment, denke ich mir. Das ist doch DIE Lösung – oder? Der Bauer, der von der Hausbank keinen Kredit mehr bekommt, wendet sich an Investoren oder an eine kapitalkräftige Firma. Keiner bekommt es mit, die Berufskollegen merken nichts. Nach außen ist alles so, wie immer, die scheinbar heile Welt. Der Bauer, der die Flächen benötigt, um sein Vieh darauf weiden zu lassen, Futter zu ernten, oder Ackerbau zu betreiben, muss diese dann zurückpachten. Allerdings zu einem Preis, der ihm die Tränen in die Augen treibt!

Für mich steht fest:
Land gehört in Bauernhand!

So ein Investor kauft die Grundstücke ja nicht, um Schafe oder Kühe zu hüten, sondern als Geldanlage. Denn der Erwerb der Flächen muss sich für ihn selbstverständlich rentieren. Einem Investor ist die finanzielle Existenz eines Bauern meist ziemlich egal. Für ihn zählen nur eine schnelle Rendite und die bestmögliche Verzinsung des eingesetzten Kapitals.

Somit ist das ganze Geschäft für den Bauern keine Rettung. Nur ein Strohfeuer – denn von dem vermeintlich lukrativen Grundstücksverkauf muss er erhebliche Steuern ans Finanzamt zahlen. Und wenn die Erzeugerpreise nicht bald steigen, und die teure Zurückpachtung des Grundstücks dazu kommt, ist der Geldsegen schnell wieder verbraucht.

Die Situation im Allgäu ist kein Einzelfall

Nicht nur hierzulande ist „Land Grabbing" ein ernst zu nehmendes Problem. „Land Grabbing", das heißt etwa so viel wie „Boden unter den Nagel reißen".

Kürzlich erschienen im „Spiegel" zwei Berichte zu diesem Thema. Brennpunkte dieser Entwicklung sind laut Recherchen die afrikanischen Länder sowie Osteuropa. Nach Schätzungen werden in Rumänien inzwischen knapp 40 % des Ackerlandes von ausländischen Investoren bewirtschaftet.

Was den wenigsten Menschen bewusst ist: Die Gier nach Land hat fatale Folgen. In den Dörfern steigt die Arbeitslosigkeit und damit verbunden die Armut.

Die agroindustrielle Landbewirtschaftung nimmt weder Rücksicht auf die Umwelt, noch auf die Wasservorräte. Entscheidend sind der maximale Ertrag auf den Äckern und die höchstmögliche Förderung aus der EU. (Quelle: Süddeutsche Zeitung)

Wälder als beliebte Spekulationsobjekte

Der Wald wurde früher die „Sparkasse" des Bauernhofes genannt. Die Bauern bewirtschaften ihre Forstflächen schon seit über 300 Jahren nachhaltig. Das heißt, es wird üblicherweise nur so viel Holz entnommen, wie auf der

Fläche auch nachwächst. Standen Krisenzeiten an, dann konnte der Waldbesitzer eine größere Menge Holz einschlagen, und die Not überwinden.

In den meisten Fällen hilft diese Maßnahme heutzutage nicht mehr. Der Erlös aus dem Holzverkauf ist nur ein Tropfen auf den heißen Stein.

Die Kirche im Dorf lassen

Wenn die finanzielle Notlage auf dem landwirtschaftlichen Betrieb so dramatisch ist, dass Flächen verkauft werden müssen, dann liebe Kollegen, denkt bitte doch erst an eure Feldnachbarn oder die Landwirte im eigenen Dorf. Sinnvoller ist es immer, erst in Ruhe zu überlegen, welcher Nachbar seine Flächen durch den Kauf sinnvoll arrondieren kann. Das ist nachhaltig – für alle im Dorf und der Gemeinde. Wer nämlich nur ans schnelle Geld denkt, der verärgert seine Kollegen.

Für mich steht fest: „Land gehört in Bauernhand!" Da stimmt mir meine Frau verständnisvoll zu. Land- und forstwirtschaftliche Grundstücke, das sind und bleiben die wichtigsten Existenzgrundlagen der Bauern. Und damit das so bleibt, appelliere ich an diverse Investoren, die von Landbewirtschaftung keine Ahnung haben, ihr Geld doch lieber woanders zu investieren.

Land Grabbing

Unter „Land Grabbing" versteht man den Erwerb großer landwirtschaftlicher Nutzflächen durch Investoren. Diese Flächenkäufe gibt es im In- und Ausland. So haben chinesische oder arabische Staatsfonds zum Beispiel große Gebiete in afrikanischen Ländern gekauft. Aber auch in Deutschland erwerben Investoren vermehrt landwirtschaftliche Flächen. Diese gelten in Zeiten niedriger Zinsen als wertbeständige Kapitalanlage. Das „Land Grabbing" ist umstritten, weil es einheimische und ortsansässige Landwirte verdrängen kann und bäuerliche Agrarstrukturen und Arbeitsplätze gefährdet. Gesetzlich lässt es sich nur schwer regeln, weil damit starke Eingriffe in die unternehmerische Freiheit verbunden sind.

DEN KÄLBERN DIE ZÄHNE PUTZEN

Früher gab es sie auch schon, die Kinder, die einem auf den Wecker gingen. Naseweis, überschlau, ständig hinter einem her, und immer eine Frage auf den Lippen.

Schon frühmorgens im Stall ging es los: „Fraaaaaaanz, warum trinkt das Kälbchen die Milch heute nicht? Fraaaanz, warum steht das Kälbchen nicht auf und liegt noch in der Box?". Als ausgeprägter Morgenmuffel konnte ich so eine Fragerei eh nicht vertragen. Wenn es zumindest Fragen gewesen wären, die einen Sinn ergeben hätten, dann wäre das was anderes gewesen. Aber so einen Schwachsinn daherzureden… Ob ich solche Fragen wie diese damals geduldig beantwortet hatte oder nicht, das weiß ich nicht mehr. Das eine Kälbchen war vermutlich satt, weil ich es schon getränkt hatte, und das andere war einfach noch müde und döste vor sich hin.

Für uns Kinder vom Bauernhof waren das alltägliche Themen. Wir liefen damals mit offenen Augen über den Hof und erkannten vieles selber, ohne dauernd die Eltern, den Opa oder die Oma zu fragen. Das heutige Zutexten der Kinder von ihren Eltern, das gab es damals nicht. Wir waren fünf Kinder auf dem Hof in Kombination mit einem Haufen Arbeit. Da war keine Zeit für stundenlange Erklärungen und Diskussionen. Wenn einer der jüngeren Kinder etwas wissen wollte, dann wählte es den kurzen Dienstweg und fragte ein älteres Geschwister, ohne gleich die Eltern zu belästigen. So einfach war das.

Jetzt ist Kreativität gefragt

Doch nun zurück zu unseren beiden Mädels, die mir als heranwachsender Jungbauer ständig auf den Fersen waren. Mein Vater hatte mir schon in jungen Jahren gewisse Aufgaben im Stall zugewiesen, die ich zu erledigen hatte. Die machte ich zwar nicht mit Widerwillen, doch war mein Bestreben sehr wohl, den Stall nach Möglichkeit bald wieder zu verlassen, und mit den Nachbarkindern durch den Ort zu radeln, oder einen gewissen Unsinn auszudenken. Nun kamen mir die beiden Mädels in die Quere, die mich ständig von der Arbeit abhielten. Ich musste mir etwas einfallen lassen, um die Damen zu beschäftigen, und um sie auf diese Weise zumindest zeitweise von mir fernzuhalten. Es musste glaubhaft, nicht zu schwer, und vor allem nicht gefährlich sein. Den Umgang mit Heu- oder Mistgabeln hatte mein Vater aus gutem Grund verboten. Er sagte immer: „Messer, Gabel, Schere, Licht – sind für kleine Kinder nicht."

Glücklicherweise konnte ich mich auf meine Fähigkeiten im Unsinnausdenken verlassen, und es dauerte nicht lange, bis mir was Passendes einfiel. Schnurstraks lief ich ins Bad, besorgte mir ein paar alte Zahnbürsten und eine Tube Zahnpasta. In der Milchkammer fand ich ein kleines Eimerchen, das ich mit lauwarmem Wasser füllte. Als meine Ausrüstung komplett war, rief ich die Mädels, die schon auf mich warteten. Um Zweifel gleich im Vornherein auszuräumen, erklärte ich den beiden, dass bei den Kälbchen regelmäßig die Zähne geputzt werden müssen, weil diese sonst Zuckerschnitzel bekämen. Dass nach dem Genuss von Süßem die Zähne geputzt werden müssen, das leuchtete den Damen ein. Ich erklärte ihnen auch, dass sie sich eine Menge Arbeit sparen, weil die Kälbchen im vorderen Bereich des Gebisses nur unten Zähne hätten.

Das Unberechenbare an der Aktion war nicht die Frage, ob die Kälbchen die Zahnpasta vertrugen, sondern was passiert, wenn dummerweise ein Kälbchen die Zahnbürste verschluckt. Aber darüber große Gedanken zu verlieren, das war mir damals sicher zu lästig.

Mission „Beschäftigungstherapie" gelungen

Ich versuchte nun so zu tun, als wäre es das Selbstverständlichste auf der Welt, dass die Kälber ihre Zähne geputzt bekommen. Auf die alte Zahnbürste drückte ich eine ordentliche Menge Zahnpasta, ein Kälbchen wurde in den „Schwitzkasten" genommen und los ging die Prozedur. Ich weiß noch gut, wie die Kälber die Augen verdrehten und versuchten, das zahnmedizinisch hochwertige Verfahren abzubrechen. Nach dieser kurzen Demonstration

übergab ich den Mädchen das Bürstenset und suchte das Weite. Ab und zu wagte ich einen Blick durch die Futterluken, durch die das Heu von der Scheune vor die Nase der Kühe geworfen wurde. Mich zerriss es fast vor Lachen, als ich das Spektakel beobachtete.

Die Mädels bemühten sich redlich, ihren zahnhygienischen Auftrag auszuführen. Diejenigen, die für diese Maßnahme wenig Verständnis hatten, das waren die Kälbchen. Sie hüpften herum, stießen den Wassereimer um, und spuckten die Zahnbürste aus dem Maul. Die Mädels hatten derweil rote Köpfe, nasse Klamotten und überall Zahnpasta.

Irgendwann waren meine Plagegeister erschöpft und sie beendeten die Aktion. Ganz sicher haben sie ihren Eltern und allen Bekannten zu Hause begeistert von der Zahnputzerei bei den Kälbchen erzählt. Viele Jahre später, als die Familie mit ihren mittlerweile erwachsenen Kindern wieder zu uns in Urlaub kam, kramten wir die alte Geschichte wieder raus, und lachten gemeinsam über den Blödsinn, den ich mir damals ausgedacht hatte.

FRÜHER WAR ER ANDERS, DER VERBRAUCHER

Als die Andechser Molkerei in ihrem monatlich erscheinenden Rundbrief dazu aufrief, sich als Landwirt/in an einer Öffentlichkeitskampagne zu beteiligen, dachte ich erst: „Nö, keine Zeit". Verständlich, denn im Herbst muss das letzte Gras gemäht, neue Weiden gezäunt, Gülle gefahren und noch vieles mehr an Vorbereitungen für den kommenden Winter erledigt werden. Da hat ein Landwirt viel zu tun.

Und außerdem: „In der Molkerei ist ein ganzes Team von Marketing-Leuten beschäftigt, sollen das doch die machen, die werden schließlich dafür bezahlt".

Als ich eine Nacht darüber geschlafen habe, beschlich mich der Gedanke: „Klug wäre es schon, wenn statt einer Marketing-Dame ein Landwirt oder eine Bäuerin fachkundig Auskunft gibt." Nichts ist authentischer, als wenn der Erzeuger hinter dem Produkt steht, an dessen Entstehung er maßgeblich beteiligt war.

Ernüchterung in München

Meine Frau, die Irmi, hat sich beim Frühstück über den plötzlichen Sinneswandel gewundert, war aber nicht abgeneigt, mich nach München zu begleiten. Nach einer Schulung bei der Andechser Molkerei über die richtige Präsentation der Produkte waren wir gerüstet für den Auftritt im Bio-Laden. Ein Problem war allerdings, dass wir abends niemanden hatten, der uns die Kühe melkte. Glücklicherweise erklärte sich eine Freundin bereit, mich zu begleiten.

So reisten wir in fescher Tracht nach München. Vom Marktleiter wurden wir freundlich begrüßt, und wir machten uns daran, unseren Stand aufzubauen. Nachdem die Probierbecher gefüllt und ordentlich aufgereiht waren, warteten wir zwei auf die ersten Kunden.

Vormittags war der Andrang allerdings recht bescheiden. Die meisten Münchner waren anscheinend bei der Arbeit, nur einzelne Kunden schlenderten durch die Regale.

Irgendwie hatte ich das Gefühl, dass wir zwei in dem Laden eher störten. Wir wurden gar nicht wahrgenommen. Die Kunden füllten zielgerichtet ihre Einkaufswagen und umrundeten uns elegant mit ihren Fahrzeugen. So konnte das nicht weitergehen. Wir sind doch nicht umsonst hierher gefahren!

Nach einer kurzen Kaffeepause änderten wir die Strategie. Wir rückten unseren Stand so zurecht, dass die Kunden an uns vorbeidrängeln mussten. Außerdem sprachen wir sie direkt an: „Möchten Sie unseren leckeren Trinkjoghurt probieren?" Diese Vorgehensweise zeigte spärlichen Erfolg. Einzelne Damen ließen sich dazu hinreißen, ein Becherchen zu greifen, auszuschlürfen, und im Anschluss daran im Kühlregal das entsprechende Produkt sogar zu kaufen. Unsere Stimmung erhellte sich zusehends.

Vier Typologien von Kunden

Zwischen den Muttis mit Kinderwagen tauchten plötzlich die „Verkabelten" auf. Was, ihr kennt die „Verkabelten" nicht? Das sind die modernen jungen Damen und Herren, die sich zwei Lautsprecher in die Ohren stecken, die an Kabeln mit dem Handy verbunden sind. Die Herren hatten es ganz besonders wichtig. Ich vermute, sie wurden von der Partnerin zu Hause ferngesteuert, denn sie huschten ständig am Regal hin und her. Nach Rücksprache mit daheim landeten dann einzelne Produkte im Einkaufswagen. Dann waren da noch die „Business-Menschen". Das sind die, die ganz wichtige Telefonate am Handy führten, vermutlich mit dem Konzernchef. Geistesabwesend griffen sie im Vorbeigehen ins Regal. Diese schwer beschäftigten Kunden anzusprechen – keine Chance.

Die dritte Klientel waren dann die „Laktose-Intoleranten". Die haben sofort abgewinkt und beschwichtigend erklärt: „Ich darf so was nicht trinken, ich bin laktoseintolerant".

Ach ja, dann waren da noch die Grippekranken. Das sind die, die das Taschentuch zückten und murmelnd erklärten, dass sie an Grippe litten und keinen Geschmack hätten.

(Komischerweise zückten sie immer dann ihr Papiertaschentuch und schnäuzten sich, als sie an unserem Stand waren…)

Die Krönung war dann die junge Mutter, die ein rotzendes und hustendes Kind im Wagen vor sich herschob. Als sie mir erklärte, dass Milchprodukte ungesund seien, dachte ich mir: „Wenn das, was der Knirps zu sich nimmt, so gesund ist, dann müsste er mich doch rotbackig und fröhlich aus dem Kinderwagen anlachen, und nicht hüstelnd und nasetriefend im Wagen sitzen."

Wäre nicht zwischendurch der leutselige Marktleiter aufgetaucht, der uns ein Sandwich anbot, dann hätte mich der Frust gepackt. Das konnte doch nicht sein, dass so viele Menschen keine Milchprodukte vertragen. Wer soll die denn dann essen?

Hier und da ein Lichtblick

Man darf die Hoffnung aber nie aufgeben. Denn es gibt sie noch, die Kunden vom „alten Schlag". Das hat nicht unbedingt was mit dem Alter zu tun. Auffallend ist jedoch, dass gerade die älteren Herrschaften noch Zeit und Muße hatten, uns anzusprechen: „Sagt mal, wo kommt ihr denn her? Ihr seid ja richtig fesch!" So kam man ins Gespräch und konnte die eine oder andere Frage der Kunden beantworten, was ja der eigentliche Sinn der Aktion war.

Als es dann Zeit für die Heimreise war, packten wir unser Köfferchen mit den Probier-Utensilien wieder zusammen und fuhren mit dem Zug nach Hause. Gedankenverloren aus dem Fenster blickend dachte ich mir: „Ach, wie schön haben wir es doch zu Hause auf unserem Bauernhof". Diese Ruhe. Umgeben von Menschen und Tieren, die noch richtig ticken. Ein Paradies auf Erden…

Ich hoffe, ihr konntet ein wenig zwischen den Zeilen herauslesen, was ich mit meinen Gedanken bezwecken möchte: Lasst den Einkauf, das Zubereiten der Speisen und das anschließende Genießen der Gerichte wieder zu einem sinnerfüllten Erlebnis werden.

Gerade in unserer hektischen Zeit sollte man sich wieder auf diese Werte rückbesinnen.

Laktoseintoleranz

Etwa sieben Prozent der Menschen in Deutschland geben an, keinen Milchzucker zu vertragen. Der Anteil hat sich seit der letzten Befragung der Technischen Krankenkasse im Jahr 2016 fast verdoppelt. In der Altersgruppe der 18- bis 25-Jährigen geben bereits zwölf Prozent an, eine Laktoseintoleranz zu haben. In der Vorgängerstudie 2013 lag der Anteil bei nur einem Prozent.

Die Vermutung liegt nahe, dass die erhöhte mediale Aufmerksamkeit und die verbesserten Testverfahren dazu beitragen, dass immer mehr Menschen davon ausgehen, keinen Milchzucker zu vertragen.

Angabe einer Laktoseintoleranz

- ■ bei 18- bis 25-Jährigen
- ▨ bei 26- bis 35-Jährigen
- ■ bei 26- bis 35-Jährigen
- ▨ bei 26- bis 35-Jährigen
- ▨ bei 26- bis 35-Jährigen

2013: 1% 5% 6% 6% 3%
2016: 12% 6% 7% 7% 8%

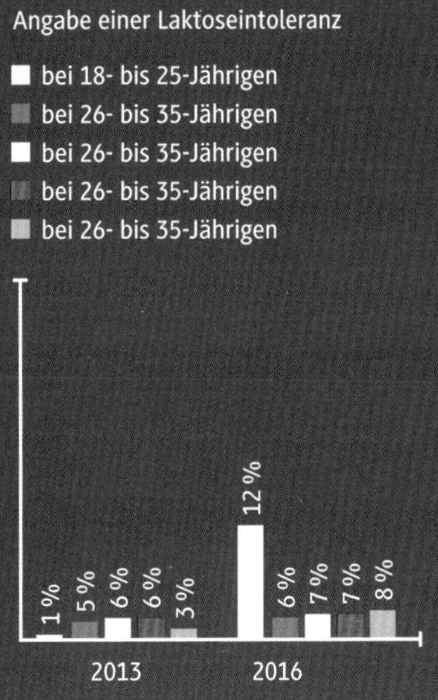

Mittlerweile ist das gute Stück so beliebt,
dass ich die Ruhezeiten
auf drei Stunden begrenzen muss.

EIN SOFA MACHT KARRIERE

Hey, sag mal, was ist denn das? Ein Sofa im Kuhstall – wo gibt's denn sowas?

Früher stand das gute Stück in einer unserer Ferienwohnungen auf dem Berghof. Es stand still in einer Ecke und blickte in Richtung Fernseher. Übers Jahr kamen viele Gäste und ruhten sich auf ihm aus. Ab und zu wurde es hin und her geschoben, weil die Irmi mit ihrem Putzlappen kam und den Staub darunter herauswischte.

Ende November, wenn dann die Saison zu Ende war, haben Irmi und ich das Sofa ins Freie getragen und mit dem Teppichklopfer ausgeklopft.

Weil es schon viele Jahre seinen Dienst in der Wohnung treu verrichtete, hatte es hier und da vereinzelt Gebrauchsspuren. Am Stoff eine Macke, am Fuß eine Schramme – naja, es war halt nicht mehr der Hingucker im Raum.

Das Sofa muss weg

Eines Tages sagte ich zu meiner Frau, dass wir uns ein neues Ausziehsofa kaufen müssen, da das alte nicht mehr zum Stil der Ferienwohnung passte. Ihr müsst wissen, dass ich jemand bin, der gern und oft etwas Neues kauft.

Irgendwann war es dann so weit: Wir haben das Sofa hinausgetragen – nur diesmal nicht zum Klopfen, sondern auf einen Wagen. Sollte ich es auf den Müll stellen? Oder verhäckseln lassen? Erst mal blieb der Wagen noch in der Maschinenhalle stehen. Aber das passte mir gar nicht, ich brauchte den Wagen eigentlich für andere Zwecke. Ich ging mehrmals um den Wagen herum und war mir unschlüssig, was ich tun sollte. Irgendwie tat mir das Schicksal des Sofas leid.

Eines Abends sagte ich zu meiner Frau: „Irmi, ich hab's, wir stellen das alte Sofa in den Stall. Da ist es niemandem im Weg, und wenn ich die Kühe beobachte, kann ich mich ungestört dort hinsetzen."

Schon am nächsten Morgen hoben Irmi und ich das alte Teil vom Wagen herunter und stellten es in den Stall an den Rand des Futtertisches. Jetzt hatte man alle Kühe im Blick und bekommt alles mit, was im Stall so vor sich geht. Und das ist manchmal höchst spannend. Man erfährt interessante Geschichten, Klatsch und Tratsch, hört, was sich die Urlaubsgäste zu erzählen haben. Man ist bei der Kälbertaufe dabei, sieht, wenn der Tierarzt kommt und merkt als Erster, wenn ein Kälbchen auf die Welt kommt.

Da setzen sich sogar Leute drauf, die sich Manager nennen. Solche, die ganz viel um die Ohren haben und viel arbeiten müssen. Die drücken sich dann ganz gemütlich an die Lehne und beobachten die Kühe im Stall.

Abends, wenn es auf dem Hof ganz ruhig ist, dann ist es besonders schön. Außer den Geräuschen im Stall und den langsamen Bewegungen der Kühe hört und sieht man nicht viel. Die Leute sagen dann: „Ach, tut das gut, diese Ruhe...".

Und plötzlich war es im Fernsehen

Im Sommer erlebte das Sofa dann ein weiteres Highlight seines Lebens. Das Bayerische Fernsehen besuchte meine Frau Irmi, die bei der Landfrauenküche mitgekocht hat. Die Leute vom Fernsehen haben Irmi gefilmt, als sie davon erzählte, wie gerne sie sich auf dem Sofa im Stall ausruht, die Gedanken schweifen lässt und entspannt die Kühe beäugt.

Das alte Sofa im Fernsehen – das hätte ich im Leben nicht gedacht. Mittlerweile ist das gute Stück so beliebt, dass ich die Ruhezeiten auf drei Stunden begrenzen muss.

Also, wenn ihr mal so richtig relaxen wollt, ich halte euch in meinem Stall ein Plätzchen frei.

GENERATION MATSCHHOSE

„Zip, zip, zip", tönt es über den Hof. Dieses Geräusch ist in letzter Zeit immer öfter zu hören. Von einem einheimischen Singvogel stammt es aber nicht, das kann ich euch schon mal verraten.

Der Ton stammt von Kindern, die in ihren Gummihosen wohlgeschützt über den Hof schlurfen. Wenn die gummierten Hosenbeine aneinanderreiben, sind die Kinder schon von Weitem wahrzunehmen.

Es gibt sie in allen Farben und Formationen, die Matschhosen. Die Light-Version scheint die Bundhose zu sein. Aufgefallen sind mir auch schon Latzhosen, und die Krönung ist wohl eine Latzhose in Kombination mit Gummianorak. Das ist die Sorglos-Version, hier kann dem Kind gar nichts mehr passieren – egal wie tief es in den Dreck fällt.

Hauptsache gut verpackt

Die ersten Kinder sind in ihrem Gummi-Equipment schon frühmorgens zu sehen, wenn am Vorabend in der Tagesschau der Wetterbericht Regen gemeldet hat. Ob es dann wirklich zum Regnen kommt oder nicht, das ist nicht wichtig. Hauptsache dem Sprössling fällt kein Regentropfen auf die Haut. Nicht auszudenken wäre der Umstand, wenn das Kind unerwartet in eine Pfütze fällt. Wenn ich da an meine Kindheit zurückdenke, war derjenige der coolste Kerl, der die dreckigste Hose, die größten Löcher im Anorak hatte und die meisten Hansaplastkleber auf sich trug. Das war ein Haudegen, bei dem rührte sich was. Vor dem hatte man Respekt und es traute sich so schnell keiner an ihn ran. Nun ja, diese Zeiten sind vorbei. Heute geht es darum, die Kinder wohlbehütet ins Erwachsenenalter zu überführen.

Es sind doch oft gerade die Kinder die Gesündesten, die auf dem Bauernhof aufgewachsen sind. So scheint es mir zumindest. Daher würde ich als Feriengast, wenn ich die Gelegenheit hätte, diese Chance nutzen, und den eigenen Kindern die Gelegenheit geben, ihr Immunsystem beim Bauernhof-

urlaub aufzubauen. Der Kontakt zu Tieren, das Spielen im Heu, das Barfuß-laufen in einer Pfütze, das stärkt und härtet ab.

Ich selber empfinde es jedes Mal als Strafe, wenn ich in meinen Gummian-zug schlüpfen muss, um den Stall zu reinigen oder Maschinen zu waschen. Das Mikroklima in diesem Anzug ist alles andere als angenehm. Man hat das Gefühl, man steht im tropischen Regenwald.

Ich glaube, vielen Eltern ist gar nicht bewusst, was sie ihren Kindern mit dem Tragen der Matschkleidung antun.

Löblich hervorzuheben ist vielleicht der Umstand, dass es den Kindern zu-mindest ermöglicht wird – ohne gleich zu schimpfen – auch mal in eine Pfütze zu hüpfen, Erde in die Hand zu nehmen oder einfach mal mit Dreck zu spielen.

UM WAS ICH MEINEN OPA JOSEF BENEIDE

Man sagt so leichtfertig: „Früher, da waren die Zeiten besser". Waren sie das wirklich? Das frage ich mich gelegentlich.

Mit meinem Opa habe ich eines gemeinsam: Opa war Bauer. Opa lebte aber in einer Zeit, in der es darum ging, die wachsende Bevölkerung mit Grundnahrungsmitteln zu versorgen. Viele Menschen waren noch von Krieg und Entbehrungen geprägt. Sie stellten wenige Ansprüche und waren froh, endlich genug zu essen zu haben. Damals genossen die Bauern höchstes Ansehen. Man plagte sie nicht mit Bürokratie und die EU drohte nicht mit Sanktionen, wenn der Bauer auf dem Acker statt Weizen Kartoffeln anbaute. Das hat er damals selber entschieden, wenn er es für richtig befand. Opa lebte mit und in der Natur. Um zu entscheiden, ob man Gras mähen konnte, da schaute er mit erfahrenem Blick in den Himmel und horchte, ob man den Hopferauer* Zug hörte. So einfach war das. Es gab noch keine Wetter-App oder die Vorhersage in der Tagesschau.

Weniger Stress und mehr Miteinander

Neuigkeiten, die erfuhr Opa im Gasthaus, beim sonntäglichen Gang in die Kirche, vom Nachbarn oder vom Viehhändler. Welchem Bauern der Stier abgehauen ist, wem es ins Heu geregnet hat, wer mit wem gerauft hat, und welche Bäuerin oder Magd schwanger war. Das, was sich im Dorf und den Weilern ereignet hatte, das reichte aus. Seine Welt war kleiner, nicht global, aber durchaus friedlicher und entspannter. Opa kannte die Worte „Stress" und „Burn-out" nicht. Sicher gab es auch Situationen, bei denen es „pressierte". Bei der Ernte zum Beispiel. Wenn dunkle Wolken am Himmel standen und es zu regnen drohte. Heute schaltet man am Traktor ein paar Gänge höher und kann auf diese Weise ein paar Fuhren Trockenfutter mehr unter Dach bringen und vor dem Regen retten. Früher, da liefen die Ochsen und die Pferde ihren Trott, da half die ganze Eile nichts.

---

*Mit Hopferauer Zug ist die Eisenbahn gemeint, die westlich von Ussenburg in der Nähe der Gemeinde Hopferau entlangführt. Das Pfeifen der Lokomotive ist bei Westwind deutlich zu hören, und der Wind bringt meist Regenwetter mit sich.

Was es hieß, für das Essen zu arbeiten, das zeigte sich, als Josef kurz nach dem 2. Weltkrieg im Bauernhaus eine Brandwand hat einziehen lassen. Die Maurer wollten damals kein Geld, nur etwas Gutes zum Essen.

Opa fiel abends erschöpft und müde vom Arbeiten ins Bett. Ihn plagten sicherlich keine Sorgen um den Arbeitsplatz, Mobbing und ähnliche Probleme.

Was die Großfamilie mitsamt Knecht und Magd nicht selber zu Essen brauchte, konnte Opa gut verkaufen. Die Milch, die Kartoffeln, das Getreide und die Tiere waren kostbar und wurden wertgeschätzt. Was es hieß, für das Essen zu arbeiten, das zeigte sich, als Josef kurz nach dem 2. Weltkrieg im Bauernhaus eine Brandwand hat einziehen lassen. Die Maurer wollten damals kein Geld, nur etwas Gutes zum Essen. Es hat sich viel gewandelt in den letzten 50 Jahren.

Das wird mir bewusst, wenn ich mir überlege, wie viel Zeit ich im Büro verbringe, um Anträge zu stellen, Formulare auszufüllen, Telefonate zu führen und gesetzlich verordnete Statistiken zu erheben. Für Schlamper, denen die Büroarbeit zuwider ist, gibt es kein Pardon. Satelliten aus dem Weltall überwachen z.B. die Früchte, die auf den Äckern stehen. Und wehe, es wird nicht so angebaut, wie es vorher beantragt wurde. Dann kommt der gnadenlose Behördenapparat in Wallung. Im dümmsten Fall drohen Sanktionen und es kommt zur Streichung von Prämien, von denen der Landwirt heutzutage leider leben muss.

Was erwartet man vom Bauern von heute noch?

Zum Beispiel, dass er Öffentlichkeitsarbeit betreibt. Dies ist betrieblich zwar nicht unbedingt notwendig, aber im Sinne der nachhaltigen Wirtschaftsweise und der Transparenz ist es durchaus sinnvoll, der Bevölkerung zu zeigen, wie der Bauer von heute arbeitet. Die Kunden möchten Einblicke in die Verfahrensabläufe bekommen. Der Landwirt, der up to date ist, ist auch in vielen Social Media Kanälen vertreten: Er hat eine eigene Facebook- und eine Google+ Seite, macht Videos für seinen You Tube Kanal, postet über Instagram und schreibt Blog-Beiträge. All das so nebenbei, um der Stadtbevölkerung zu zeigen, wie Landwirtschaft von heute funktioniert. Viele Stadtkinder und Jugendliche haben noch nie ein Tier gestreichelt. Sie haben weder an einer Handvoll feuchter Erde gerochen, noch einen Regenwurm von der Straße zurück auf die Wiese getragen. Sie kennen Landwirtschaft und Bauernhof nur aus Kinderbüchern oder bestenfalls aus dem Schulunterricht.

Was würde mein Opa wohl sagen, wenn er das noch erleben könnte? „Ja Bua, was tust du denn den ganzen Tag? Warum arbeitest du nicht? Draußen ist das schönste Wetter und du tust nix."

Jetzt werdet ihr euch fragen, um was ich denn meinen Opa wirklich beneide? Ich beneide ihn um sein Lebensgefühl. Um die gute Nachbarschaft, um die Zufriedenheit, um den Zusammenhalt seiner Berufskollegen und um den Stellenwert des Bauernstandes in der Gesellschaft.

Früher, da war das Leben eines Bauern zwar körperlich anstrengend, aber dafür seelisch entspannt.

Nach über 50 Jahren Lebenserfahrung komme ich zu der Erkenntnis, dass der Spruch: „Früher, da waren die Zeiten besser", in vielerlei Hinsicht stimmt.

BAUER SUCHT FRAU

Ob es früher einfacher war, als Bauer eine Frau zu finden, das ist schwierig zu beurteilen. Eines ist aber klar: Unsere Generation musste noch selber auf die Suche gehen und ohne die Kuppelsendung „Bauer sucht Frau" von RTL zurechtkommen.

Meine Jugendzeit war geprägt von wilden Mopedfahrten, Stadelfeten, Autoschrauben, Partys, Grillabenden mit Freunden, aber auch von gepflegten Besuchen im Tanzlokal. Wir waren ein gemischter Haufen aus lebenslustigen Jugendlichen, denen zwischendurch allerhand Schabernack eingefallen ist. Schabernacks, das sind Streiche, die lustig sind, aber niemandem schaden. Während der Bundeswehrzeit konnte man sich dahingehend noch Tipps von anderen Soldaten holen, und so wurden wir in diesem Bereich besonders kreativ und professionell.

Als der Postbote mit der Zeit immer öfter Einladungskarten zu Hochzeiten von Freunden in den Briefkasten warf, da wurde mir bewusst: Franz, jetzt musst du dazutun, sonst bleibst du übrig.

Ein schwieriges Unterfangen

Ich gebe es ja zu, so ganz unerfahren ging ich an die Sache nicht ran. Es gab schon die eine oder andere Liebschaft, aber die „Richtige", die war irgendwie nie dabei. Bis ich auf die Geburtstagsparty meines Namenskollegen Franz eingeladen wurde. Da traf ich Irmi. Ich hatte mich sofort in sie verschaut und setzte alles daran, dass sie auch Gefallen an mir fand. Die Aktion gestaltete sich allerdings schwieriger, als ich vermutet hatte. Als ich ihr offenbarte, dass ich Bauer bin, kam erst mal die Rote Karte: Irmi hatte sich vorgenommen, keinen Bauern zu heiraten, erst recht keinen mit Ferienwohnungen und Hühnern. Mir blieb also nichts anderes übrig, als mit meinem Charme zu arbeiten. Ich ließ mich mitten unter der Woche auf Radtouren am Bodensee ein, auf eine Bergtour zum Breitenberg und auf eine Busfahrt mit gottesfürchtigen alten Damen nach Wigratsbad zu einer kirchlichen Gebetsnacht.

Junge, das waren harte Brocken. Ich weiß bis heute nicht, ob Irmi freiwillig dorthin wollte, oder ob sie nur testete, was ich alles aushielt. Irmi merkte aber anscheinend: „Der lässt nicht locker." Und so kam es, dass auch bei ihr der Funken zündete.

Meine Irmi ist ein Mensch, der wichtige Entscheidungen gründlich überdenkt. Am liebsten mehrmals. Das hat dazu geführt, dass wir fünf Jahre miteinander gegangen sind, wie man bei uns im Allgäu so sagt. Mit etlichen Anläufen hatte ich ihr angedeutet, ob wir nicht heiraten wollten. Irmi zögerte aber, denn es könnte ja noch ein Besserer kommen. Als dann der TÜV-Prüfer mein damaliges Schmuckstück, einen 14 Jahre alten Golf GTI, aufgrund tech-

Insgesamt betrachtet führen wir ein
beneidenswertes Leben in einem kleinen Paradies.
Kein Tag ist wie der andere,
und jeder Tag hält eine neue Geschichte bereit.

nischer Mängel nicht mehr mit einer neuen Plakette zieren wollte, musste eine Entscheidung fallen. Zur Wahl stand: Entweder muss ich mir ein neues Auto kaufen oder wir ziehen zusammen und heiraten.

Dieses Argument zog und bewog Irmi, „Ja" zu sagen. So wie ich es beurteilen kann, hat sie es bisher nicht bereut. Trotz ihrer damaligen Abneigung ist sie heute eine leidenschaftliche Bäuerin, die sich bestens um ihre Familie, den Bauernhof, die Feriengäste und sogar um eine kleine Hühnerschar kümmert.

Es hat sich gelohnt

Bauer oder Bäuerin sein, das ist sicher ein anstrengender, aber erfüllender Beruf. Das Arbeiten in und mit der Natur, Tiere um sich herum zu haben, das ist ein besonderes Lebensgefühl, das ich nicht missen möchte – und Irmi auch nicht. Ich bin mir sicher, dass uns viele erfolgreiche Menschen, die besonders busy sind, darum beneiden. Und ob ein Bauer eine Frau findet, oder nicht – das hängt sicherlich sehr viel mit der betreffenden Person zusammen. Ich bin auf jeden Fall froh, meine Irmi ohne die Sendung „Bauer sucht Frau" gefunden zu haben, denn hier wird – so hat es für mich den Anschein – allerhand getrickst. Bei diesem Format geht es in erster Linie um „Show und Einschaltquoten", und nicht darum, dass zwei alleinstehende Partner sich treffen, um miteinander glücklich zu werden. Ich finde es schade, dass die Sendung ihr eigentliches Ziel aus den Augen verliert, denn es gäbe genügend Landwirte und Landwirtinnen, die auf seriösem Weg einen Wegbegleiter suchen.

Wer weiß, vielleicht gründe ich, wenn ich im Austrag bin und Zeit habe, noch eine Partnerbörse speziell für Landwirte. Kreativ genug bin ich ja, so wie ich mich kenne.

DU, FRANZ, EIN BIOBAUER –
DAS IST EINE SCHNAPSIDEE

Meine Freunde taten mein Vorhaben als „spinnerte Idee" ab. „Willst du zu den ‚Grünen', zu den ‚Alternativen' wechseln?" Das waren 1998 ihre Kommentare. Damals reifte in mir die Entscheidung, Biobauer zu werden. Ich muss zugeben, das war eine wagemutige Entscheidung mit ungewissem Ausgang.

Ich komme aus einer Generation von Bauern, denen in der Berufs- und Landwirtschaftsschule intensives Wirtschaften beigebracht wurde. Unsere Lehrer zeigten uns, wie viel Mineraldünger ausgebracht werden sollte, um den optimalen Ertrag auf den Wiesen und Äckern zu erzielen. Und wenn Unkräuter überhandnahmen, wusste der Ausbilder sofort einen Rat, mit welcher chemischen Keule den Plagegeistern der Garaus gemacht werden konnte. Das war meine Lehrzeit. Und jetzt macht sich so ein Jungspund (ich) Gedanken darüber, ob das alles richtig ist, und ob das der richtige Weg für seinen Betrieb ist. Denn eigentlich ist es so einfach, mit etwas Chemie auf bequeme Art und Weise große Mengen an Futter zu ernten. Aber will ich das, möchte ich meinen Boden ausbeuten, möchte ich fragwürdige Substanzen auf meinen Wiesen ausbringen, möchte ich von der chemischen Industrie abhängig sein? All diese Fragen ließen mir keine Ruhe.

Die Entscheidung auf „Bio" umzustellen, die fiel nicht von heute auf morgen. Ich verbrachte schlaflose Nächte, grübelte, fragte meine Frau, die Eltern, und rechnete, ob sich das überhaupt rentiert.

Dann war es so weit:
Wir sattelten um auf „Bio"

Das ist zwar einfach gesagt, hat es aber in sich: Eine Umstellungszeit muss eingehalten werden, in der die Produkte nicht als „Bio" verkauft werden können, die Auflagen aber eingehalten werden müssen. Ich besuchte einen

Bei uns hat jede Kuh
einen eigenen Namen.

Biohöfe

- 2016 wuchs die Zahl aller deutschen Biobetriebe auf insgesamt 26.855 Höfe an (9 % aller landwirtschaftlichen Betriebe). Das entspricht einem Plus von 2.119 Betrieben; das bereits starke Wachstum im Vorjahr (5,7 %) konnte auf 8,6 % gesteigert werden.
- 2016 wurden in Deutschland 1,19 Mio. Hektar ökologisch bewirtschaftet. Das entspricht 7,1 % der landwirtschaftlichen Nutzfläche.
- 2016 lag der Bioumsatz in Deutschland bei 9,48 Mrd. Euro – das ist eine Steigerung um knapp 10 % gegenüber dem Vorjahr.
- Etwa die Hälfte der Deutschen kauft inzwischen häufig oder gelegentlich Öko-Produkte.

Einführungskurs, füllte Formulare aus und änderte vor allem die Lebensweise. Man ist sich bewusst, dass man nicht mehr Massen- und No-Name-Produkte, sondern Lebensmittel mit höchster Reinheit und Qualität erzeugt.

Auf dem Bauernhof hat sich damals viel verändert: Ich musste einen neuen Milchtank kaufen, weil die Andechser Molkerei die Biomilch aus Umwelt- und Kostengründen nur jeden zweiten Tag abholt, die Kälber brauchten ein neues Zuhause, denn die Aufstallung entsprach nicht mehr den Öko-Anforderungen. Und ich wusste damals auch: Irgendwann brauchst du einen neuen Laufstall für deine Kühe. Dies war der Punkt, den ich am meisten scheute. Neben der anstrengenden Baumaßnahme über mehrere Jahre ist so ein Stallbau auch eine riesige finanzielle Belastung. Bei Baukosten von acht bis zehntausend Euro je Kuhplatz, häufen sich schnell mal 300.000 bis 500.000 Euro Schulden an. Nicht jeder traut sich so was zu. Das Risiko ist hoch, gerade dann, wenn der Milchpreis fällt und fällt. Dann fragt sich ein Milchbauer (und auch ich fragte mich das): „Sind die Erträge noch ausreichend, um mich, meine Familie und den Hof über Wasser halten zu können?" Und wieder rechnete ich, kalkulierte, sprach mit der Bank, und letztendlich tat ich den Schritt nach vorne: Der neue Kuhstall wurde gebaut.

Aber zurück zum Biobauern Franz: Wie ging es mir damals – war die Entscheidung richtig? Aus heutiger Sicht kann ich sagen: ja.

Zugegeben, die Anfangsjahre waren schwierig, der Ertrag auf den Wiesen ließ zu wünschen übrig, das Futter für die Tiere war knapp. Ich machte mir Sorgen. Reicht das Futter wohl über den Winter?

Die Unkräuter, besonders der Stumpfblättrige Ampfer, fühlten sich so richtig wohl bei uns. Die ganze Familie, allen voran meine Eltern, rückte mit speziellen Werkzeugen aus, und gruben jede Pflanze mühsam aus dem Boden. Wir haben uns geschunden und wussten, im nächsten Jahr kommen sie wieder – die Unkräuter.

Mittlerweile hat sich der Boden erholt und angepasst. Nun sind, auch aufgrund unseres biologischen Wirtschaftens, die Unkräuter auf ein erträgliches Maß zurückgegangen. Zum Glück. Und wenn ich es genau betrachte, irgendwie gehören die ja auch dazu, zum Ganzen. In der Natur hat alles seine Existenzberechtigung, das muss man erst begreifen.

Auch Feriengäste schätzen Urlaub in intakter Natur

Ich glaube, dass sich die Umstellung auf „Bio" auch auf unseren zweiten Betriebszweig, den Tourismus, positiv ausgewirkt hat.

Zu uns kommen jetzt auch Feriengäste, die ihren Urlaub bewusst auf einem Biohof genießen möchten. Ein Urlaub auf einem Bauernhof, das ist das richtige für Familien mit Kindern, Paare, Senioren, ja sogar stressgeplagte Manager finden hier die nötige „Erdung", die ihnen zum Teil verloren gegangen ist. Die Gäste wollen abschalten, entschleunigen, Ruhe finden, Tiere beobachten, Kühe füttern. Sie wollen dabei sein, wenn ich die Kühe von der Weide hole, die Kinder möchten Kaninchen streicheln und abends die Hühner in den Stall scheuchen, wenn sie sich in den Büschen verstecken.

Was bleibt mir als Resümee zu sagen?

Die Biobauern waren früher unter Kollegen die „Extragesottenen", die Sonderlinge. Wir wurden belächelt und gehänselt. Heute ist das anders – wir sind akzeptiert.

Ich bin mir auch sicher, dass meine Freunde und Schulkollegen meine Entscheidung respektieren, und ich bin froh, diesen Weg gegangen zu sein.

So, und jetzt gönne ich mir ein Gläschen feinen Likör – keinen Schnaps – auf die Entscheidung von damals. Die Idee war nämlich keine Schnapsidee, sondern gut. Genauso wie der selbst gemachte Likör von meinem Bio-Kollegen.

DER STILLE AUFSCHREI

Viele Landwirte blicken sorgenvoll in die Zukunft. Sie stehen am Rande des Ruins. Eine kurze Durststrecke zu überstehen, das schaffen die meisten. Aber irgendwann sind die finanziellen Reserven aufgebraucht. Dann stellt sich die Frage: Was tun? Kann ich auf Bio umstellen? Finde ich alternative Produktionszweige? Mache ich den Stall dicht und suche mir eine andere Arbeit? Viele Fragen und vermutlich wenige vernünftige Antworten.

Wird die Situation bald besser?

Können wir uns auf Hilfe verlassen? Ich glaube es nicht. Halbherzige Zusagen und Absichtserklärungen gibt es viele. Unsere Politiker nehmen uns Bauern nicht ernst. Da sind zurzeit andere Themen viel wichtiger. Die Bauern sollen doch ruhig billige Waren produzieren, dann bleibt den Bürgern mehr Geld für den Konsum übrig. Letztes Jahr hatte doch jemand die glorreiche Idee, die von den Milchbauern nach Brüssel überwiesene Superabgabe in Höhe von mehreren Millionen Euro wieder an die Landwirte zu verteilen. Davon habe ich nie mehr was gehört. Wofür das Geld wohl verwendet wurde?

Und was sagt der Handel?

Dem Handel wird es egal sein, wie hoch der Preis ist, der an der Ladentheke zu bezahlen ist. Was den Handel und die Verarbeiter interessiert, das sind die Gewinnmargen. Dafür werden die Erzeugerpreise so lange nach unten gedrückt, bis das Jahresergebnis des Konzerns stimmt. So einfach geht das.

Was bleibt uns also übrig?

Erst mal gründlich nachdenken. Wenn ich die Situation abwäge, komme ich zu der Erkenntnis, dass eigentlich nur sparen hilft. Wenn ich nichts verdiene, kann ich auch nichts ausgeben. Das Sparen muss aber im großen Stil erfolgen. Nicht nur ich sollte eine Weile die Wirtschaft blockieren, sondern die ganze Masse an Landwirten. Wir müssen uns organisieren und geballt nach außen publizieren, dass ab „jetzt" bei den Bauern „Kaufstopp" herrscht.

Die IG: „Wir kaufen nix"

Warum sind wir nicht in der Lage, eine Interessengemeinschaft „Wir kaufen nix" zu gründen? Wenn in den Zeitungen steht „Die Bauern boykottieren: Sie kaufen nichts mehr", muss das doch was bewegen. Spielen wir einfach mal unsere Macht auf der Konsumseite aus…

Mal sehen, wie lange es dauert, bis die Traktorenhersteller, Landmaschinenproduzenten, Stallbaufirmen und Landhändler den Politikern auf die Füße treten, und uns zur Seite stehen.

Einen Versuch wäre es doch wert

Ich bin jedenfalls der Meinung, mit Traktorkorsos durch Innenstädte zu fahren, möglichst mit dem größten Modell, das ist auf Dauer Unfug. Die Leute haben das Spektakel schon zu oft gesehen, und sind nur genervt, weil sie zu spät zur Arbeit kommen. Dass die teuren Fahrzeuge für uns Landwirte zur Fortführung des Betriebes notwendig sind, das begreifen die wenigsten. Sie sehen nur den Prunk, der durch die Straßen fährt, und denken sich dabei: Was? DIE wollen auf eine Notlage aufmerksam machen?

Ich bin der Meinung, dass wir eine neue Informations- und Demonstrationskultur brauchen. Wir müssen die Verbraucher mit unseren Anliegen dort abholen, wo sie sind. Im Internet. Immer weniger Menschen haben eine Ahnung von dem, was wir Bauern tun, und wie wir das tun. Das müssen wir kommunizieren. Sei es im Internet oder über die fantastische Möglichkeit von „Urlaub auf dem Bauernhof". Die Leute begreifen dann auch, dass ein großer Aufwand hinter einem Produkt steckt, und dass für diesen Aufwand eine faire Entlohnung gerechtfertigt ist. Das Internet ist zum einen eine günstige Plattform und zum anderen wächst bei den Verbrauchern die Erkenntnis: Mensch, die Bauern haben's aber drauf. Was die alles beherrschen … Von wegen Mistgabel und Gummistiefel. Deswegen habe ich meine Überschrift bewusst ausgewählt: Der stille Aufschrei. Nicht mit Traktorgetöse, sondern mit der leeren Geldbörse und neuen Ideen.

Wir müssen uns organisieren und
geballt nach außen publizieren,
dass ab „jetzt" bei den Bauern „Kampfstopp" herrscht.

MIT 60 EURO IN DER TASCHE

Als Lehrer Hempel* seinen Schülern der 9. Klasse im Religionsunterricht von einer Challenge erzählte, ahnte noch keiner, was genau auf sie zukam. Herr Hempel hatte die Aktion von langer Hand geplant. Es galt, Eltern zu überzeugen, dass ihre Kinder alt genug waren, mal eine Woche ohne sie, aber auch ohne den Klassenverband und den Lehrer, auszukommen. Rechtliches musste abgeklärt werden, eine volljährige Betreuungsperson musste die Gruppe begleiten, und nicht zuletzt sollte die Challenge einem sozialen Zweck dienen.

Ihr wisst schon, was Challenge heißt? Dieses Wort bedeutet „Herausforderung". Und das war es dann auch, zumindest für die Schüler. Für die drei Freundinnen Kelly*, Sarah* und Josi* war von Anfang an klar, dass sie zusammenbleiben wollten, um sich gemeinsam in das Abenteuer zu stürzen. Doch wohin sollte die Reise gehen? Mit dem Fahrrad über die Berge – nein, das war es nicht. Und so wie eine andere Gruppe, von Pfarrhof zu Pfarrhof ziehen – das konnte sich von den drei Mädels keine vorstellen.

„Warum suchen wir uns nicht einen Bio-Bauernhof aus?", fragte schließlich Kelly. „Dort gibt es immer was zu tun. Und wenn wir uns um die Tiere kümmern, dann ist das doch auch sozial?" Die Idee schlug ein wie eine Bombe.

Kelly, als Ideengeberin und Organisationstalent, wurde dazu verdonnert, im Internet zu recherchieren, und bei Bio-Bauernhöfen anzurufen. Ganz so einfach, wie die drei sich das vorstellten, war es dann doch nicht. Auf den meisten Höfen waren keine freien Zimmer vorhanden, und viele Bauern wollten so was auch gar nicht. Es gab viele Ausreden. Am Ende war unser Hof nicht nur der Einzige, der zustimmte, sondern auch der Hof, den die drei von Anfang an favorisiert hatten. Wir waren erst mal etwas skeptisch, ob drei unerfahrene Menschen auf dem Hof nicht eher stören. Aber die Gruppe hatte es den Überredungskünsten von Kelly zu verdanken, dass ich und Irmi doch weich wurden und zustimmten.

*Anmerkung: Die Namen wurden geändert.

Kaum Geld, viel Arbeit

Der Startschuss für die Challenge fiel am 15. Juli 2016. Jeder Schüler bekam von Lehrer Hempel nur 60 Euro in die Hand gedrückt. Mit diesem Kapital sollten sie nicht nur die Bahnreise finanzieren, sondern das Geld musste auch den gesamten Lebensunterhalt für eine Woche sichern. Falls notwendig, mussten sie sich weiteres Geld dazuverdienen. Und als besondere Herausforderung sollte die Gruppe den Betrag noch vermehren. Wie, das blieb ihnen und ihrer Fantasie überlassen.

Die Fahrt von Würzburg nach Füssen verlief problemlos. Dort angekommen, erwartete die schwer bepackten Schüler meine Tochter Kathrin. Gemeinsam verstauten sie die schweren Rucksäcke im Auto und los ging es auf den Bauernhof nach Ussenburg.

Meine Frau und ich warteten schon gespannt auf die Ankömmlinge. Es waren schon viele einzelne Waldorfschülerinnen zu Gast auf dem Berghof gewesen, aber vier auf einmal? Was tun, wenn die keinen Bock haben? Solche und ähnliche Gedanken gingen uns beiden durch den Kopf.

Die Gedanken, die wir, zwei wind- und wettergeprüfte Optimisten, uns vor der Ankunft von Kelly, Sarah und Josi machten, waren unbegründet. Es stellte sich heraus, dass die Mädchen nicht nur ausnahmslos gut erzogen, sondern auch fleißig und engagiert waren.

In einem spartanisch eingerichteten Gartenhaus sollten sie schlafen und die sanitären Einrichtungen befanden sich buchstäblich über dem Hof, nämlich im Technikraum des Kuhstalls. Und wie die Mädels später herausfanden, landeten sie zudem bei den „strengsten Eltern der Welt". Handy und Internet erlaubte ich nur morgens und abends, stattdessen gab es den ganzen Tag viel zu tun. Aber erst einmal galt es in die Gartenhütte einzuziehen, was schnell vonstattenging. Nach dem ersten gemeinsamen Abendessen war das Eis gebrochen und beide Seiten fanden sich doch ganz nett und blickten freudig auf die nächsten Tage.

Ich wünsche mir, dass es auf der Welt mehr Lehrer wie Herr Hempel gäbe. Solche, die nicht nur Theorie bis zum Abwinken in die Kinder eintrichtern, sondern ihnen einen Blick ins wahre Leben ermöglichen.

Ein voller Dienstplan

Natürlich waren die Schülerinnen gespannt, was sie auf dem Hof erwartet und welche Tätigkeiten sie erledigen sollen. Ich ließ mit meinem Dienstplan nicht lange auf sich warten. Ich erzählte den Mädchen vom Ampferstechen, Kälbchen auf die Weide führen, eine Holzhütte abbrechen, kochen, backen, den Haushalt in Schuss halten und und, und…

„Oh je, sind wir diesen Aufgaben gewachsen?", fragten sich die Mädchen mehr als einmal. Da sich keine etwas unter „Ampferstechen" vorstellen konnte, wurde erst mal im Internet nachgeschaut – abends, als sie es nutzen durften. Sie fanden heraus, dass der Stumpfblättrige Ampfer zur Familie der Kreuzblütler gehört und sich fröhlich vermehrt. Oftmals wird er als Unkraut angesehen und auch beim Bio-Anbau stört er sehr. Da hilft nur ausstechen – schließlich verzichtet ein Biohof auf die Chemiekeule.

Voll motiviert ging es tags darauf mit Bäuerin Irmi, Traktor und Anhänger auf die Wiese. Nach drei Stunden harter Arbeit war den Schülerinnen klar, wie Ampfer aussieht und dass das Ausstechen gar nicht so einfach ist. Müde, k.o. und mit schmerzendem Rücken, aber dem guten Gefühl, etwas Wichtiges getan zu haben, fuhr die Gruppe heim zum Mittagessen.

Die weiteren Tage vergingen wie im Flug. Als ich von meiner Idee erzählte, eine verlassene Hütte meines Sohnes Thomas abzureißen, waren alle begeistert, klang das doch nicht so mühselig wie Ampferstechen. Ausgerüstet mit Brecheisen, Hammer und Zange rückte die Abbruchtruppe aus.

Ich staunte nicht schlecht, als ich sah, wie emsig die Mädels ans Werk gingen. Es galt, unzählige Bretter und Balken auszunageln, sowie sorgfältig aufzustapeln. Ich war begeistert. Hätte ich die Hütte alleine abbrechen müssen, wäre ich wochenlang damit beschäftigt gewesen.

Neben Unkrautrupfen und Hütteneinreißen, hatte ich natürlich noch weitere Arbeiten im Angebot. Am Anfang der Woche hatte ich den Dreien ein Versprechen gegeben, was es noch einzulösen galt: Das Kälbchen „Lulu" auf die Weide führen. Normalerweise mache ich so was, das ist Chefsache. Wenn sich das Kälbchen nämlich auf dem knapp ein Kilometer langen Fußmarsch losreißt, dann ist es weg. So was darf nicht passieren. Um das Kälbchen an die Leine zu gewöhnen, führten die Mädchen am Vorabend eine Trainingseinheit durch. Lulu, ein Fleckviehkälbchen, lief wie am Schnürchen – sprichwörtlich. Das gab mir die Zuversicht, dass es die Mädels können! Die bringen Lulu sicher ans Ziel. Und wie erwartet: Der Treck verlief nach Plan. Lulu lief in einem Zug zu ihren Partnerinnen auf die Weide und hat sich sofort eingegliedert.

Der Projektgedanke

Die Tage voller Arbeit gingen dahin. Irgendwann kam den Schülerinnen ihr soziales Projekt wieder in den Sinn. Die 60 Euro sollten nicht nur für die Woche reichen – nein, sie sollten sich doch vermehren. Beim gemeinsamen Abendessen kam die zündende Idee: Wir kochen für die Feriengäste auf dem Hof und stellen eine Spendenbox auf. Gesagt, getan. Familie Kinker organisierte die Zutaten und die Mädchen ließen ihre Koch- und Konditorenkünste walten.

Am Abend erschienen die Urlauber zahlreich, hungrig und voller Erwartungen. Und die wurden mehr als übertroffen. Gemeinsam genossen alle einen lauen Sommerabend mit leckeren Speisen. Zufrieden und mit Respekt, was die Mädels nicht nur an Arbeiten auf dem Hof erledigten, sondern auch was sie in der Küche alles zaubern können, füllten die Anwesenden die Spendenbox mit unerwarteten Geldbeträgen.

Die Schülerinnen entschlossen sich, den Reinerlös an die Hochwasserhilfe zu spenden, was aus aktuellem Anlass sicher eine gute Entscheidung war. Damals gab es nämlich im ganzen Land ein Rekordhochwasser.

Dann nahte schließlich die Heimreise. Eine Challenge, die kann man nicht so sang- und klanglos beenden, da waren wir uns alle einig. Als Irmi und ich die Mädels ins Hotel Schwarzenbach zum Eis essen einluden, ertönte ein freudiges „Ja, wir sind dabei!"

Nachlese

Im Nachhinein macht man sich als Gastgeber dann seine Gedanken: War das eine Schnapsidee von Lehrer Hempel? Ganz sicher nicht, wie Irmi und ich am Ende feststellten.

Die Mädchen bewiesen Mut, Entschlossenheit, Ausdauer und Fleiß. Sie gaben sich fern der Heimat mit vielen Entbehrungen und ungewöhnlichen Verhältnissen zufrieden, die sie von zu Hause nicht kennen. Für alle Beteiligten war es eine große Herausforderung, aber auf jeden Fall auch eine Lehre fürs Leben.

Ich wünsche mir, dass es auf der Welt mehr Lehrer wie Herr Hempel gäbe. Solche, die nicht nur Theorie bis zum Abwinken in die Kinder eintrichtern, sondern ihnen einen Blick ins wahre Leben ermöglichen.

EIN EINFACHES WORT
VON GROßER BEDEUTUNG

Habt ihr euch schon mal Gedanken darüber gemacht, wer Nachhaltigkeit „lebt"? Das sind im Wesentlichen wir, die Landwirte. Wir arbeiten mit der Natur, leben mit den Tieren und denken generationenübergreifend. Denn ohne nachhaltiges Denken und Handeln wäre eine Land- und Forstwirtschaft, wie wir sie heute kennen, nicht (mehr) möglich.

Wir Landwirte, und aus meiner Sicht schreibe ich jetzt speziell von den Biolandwirten, sind darauf bedacht, dass es der Natur, den Tieren und den Lebewesen im Boden möglichst gut geht. Dort im Dunkeln tummeln sich viele kleine Tierchen und Mikroorganismen, die dafür sorgen, dass unsere Äcker, das Grünland und der Wald reiche Früchte tragen. Auf dieses Bodenleben heißt es achtzugeben. Schon unsere Vorfahren haben sich bemüht, den Boden zu schonen und ausreichend mit Nährstoffen zu versorgen.

Wir Biobauern, somit auch ich, züchten unser Vieh nicht auf maximalen Gewinn, sondern wir achten darauf, dass wir unsere Tiere lange behalten. Das heißt, unsere Milchkühe sind nicht darauf getrimmt, in möglichst kurzer Zeit viel Milch zu geben – nein, wir möchten den Tieren ein möglichst langes Leben in intakter Natur ermöglichen. Dazu gehört ein moderner Stall, der Gang auf die Weide, und viel persönliches Engagement der Bauernfamilie.

Nicht nur das liebe Vieh

Nachhaltiges Wirtschaften heißt für mich auch Ressourcenschutz. Dies bedeutet für mich, Maschinen und Gebäude langfristig zu nutzen. Nicht selten tuckern auf Biohöfen noch alte Traktoren und Fahrzeuge herum, die zum Teil schon Oldtimercharakter haben. Warum auch nicht? Sie funktionieren noch sehr gut und erfüllen ihren Zweck durchaus! Sie werden nicht zum Alteisen geworfen und es muss nicht sofort ein neuer Traktor gekauft werden. Ganz davon abgesehen, dass dies bei den meisten Bauern finanziell gar nicht möglich ist…

Wir müssen uns anstrengen, um unseren Kindern eine lebenswerte Erde hinterlassen zu können. Denn auch sie brauchen die Rohstoffe und kein, zum Beispiel vom Fracking, verseuchtes Grundwasser.

Viele Bauern nutzen Maschinen auch gemeinsam – organisiert über den Maschinenring. Der Maschinenring ist ein Verbund von Bauern, der dafür sorgt, dass nicht jeder Landwirt alle seine Maschinen, die er zum Betrieb seines Hofes benötigt, selbst kaufen muss, sondern die Bauern viele Geräte untereinander ausleihen können – das ist nachhaltig, effizient und schützt Ressourcen. Daneben erzeugen viele Landwirte Energie aus Biomasse oder Fotovoltaikanlagen selbst und produzieren somit ihren benötigten Strom ökologisch. Damit waren sie auch in diesem Bereich der Nachhaltigkeit ein Vorreiter.

Übrigens speisten nur zu Beginn der Ökostromerzeugung die Bauern den Strom komplett ins öffentliche Netz. Mittlerweile nutzen viele Betriebe die erzeugte Energie selbst, und nur der nicht benötigte Rest wird verkauft und ins öffentliche Netz geschickt. Dies macht die Höfe energietechnisch autark, wie auch unseren Hof. Wir produzieren viel mehr Strom als wir benötigen, und deshalb können wir einiges an Energie ins öffentliche Netz speisen – das ist ein gutes Gefühl, kann ich euch sagen!

Eine Einheit: Kühe, Maschinen und Wald

Und wie sieht es im Wald aus? Dort wird die Nachhaltigkeit schon seit über 300 Jahren erfolgreich gelebt. Damals haben intelligente Menschen erkannt: Der Raubbau am Wald, die Übernutzung des Holzes für den Schiffbau, die Salzgewinnung und die Köhlerei – all das führt in eine Sackgasse. Die Menschen mussten sich etwas einfallen lassen – nachhaltig wirtschaften – damit ihre Nachfahren auch noch Holz ernten können.

Und genauso geht es uns heute auch wieder: Wir müssen uns anstrengen, um unseren Kindern eine lebenswerte Erde hinterlassen zu können. Denn auch sie brauchen die Rohstoffe und kein, zum Beispiel vom Fracking, verseuchtes Grundwasser.

Auch die Allgäu Markenpartner handeln nachhaltig

Unter der Dachmarke „Allgäu" haben sich über 60 Allgäuer Unternehmer zusammengeschlossen, die sich bemühen, verantwortungsbewusst für die kommenden Generationen zu handeln. Zu Beginn der Partnerschaft wurden gewisse ökologische Mindeststandards aus den Bereichen Ökonomie, Ökologie und Soziales festgelegt. Jährlich erfolgt dann eine Abfrage, in welchen Bereichen eine Verbesserung des Standards erzielt werden konnte.

Ihr merkt: Im Allgäu tut sich was. Wir Allgäuer denken weiter ...

Fazit

Jeder kann und sollte seinen Beitrag leisten. Dies beginnt schon in der Familie, zum Beispiel wenn alle bewusster einkaufen, die Nahrungsmittel dann auch bewusster konsumieren, entsprechend Plastikmüll vermeiden und Energie sparen – in jedem Bereich des täglichen Lebens lässt sich nachhaltiger wirtschaften.

Ich gebe meinen Kindern mit, mehr nach- sowie umzudenken. Ich sensibilisiere sie, ihre angewöhnte Wegwerfmentalität dahingehend zu ändern, Produkte länger zu nutzen (siehe Maschinen und Traktoren), Plastikmüll zu vermeiden, und vorausdenkend zu handeln.

Fracking

Mit der Methode des Hydraulic Fractioning (hydraulisches Aufbrechen, kurz „Fracking") wurde es möglich, Gas- und Ölvorkommen zu fördern, die in Gesteinsschichten gebunden sind. Ein Gemisch aus ca. 94,5 Prozent Wasser, fünf Prozent Sand und etwa 0,5 Prozent chemischer Zusätze wird unter hohem Druck in die Gesteinsschicht gepresst. Dadurch wird das Gestein aufgebrochen. Um diese Risse so weit offen zu halten, dass das Gas oder Öl hindurchströmen kann, ist der Sand beigemischt. Umweltschützer fürchten aufgrund des Chemikalieneinsatzes eine Verunreinigung des Grundwassers.

BAUERN-SOLI, IST DAS DIE LÖSUNG?

Wenn ich meine Kühe melke, da purzeln mir allerhand Gedanken durch den Kopf. Obwohl ich mich auf die Arbeit konzentriere, sind mir beim Melken u. a. schon die besten Blogbeiträge, Marketing-Ideen und Inhalte für die Webseite eingefallen.

Derzeit beschäftigt mich das Schicksal meiner Berufskollegen. Ich könnte mich da ganz raushalten, denn ich selber kann mich nicht beschweren. Meine Frau und ich trafen frühzeitig richtige betriebliche Entscheidungen und setzten auf Bio und Tourismus. Beide sind in unserer Region, dem Allgäu, sehr gefragte Geschäftsbereiche. Urlaub auf dem Bauernhof liegt voll im Trend, gerade bei Familien. Aber auch jung gebliebene Senioren, Singles oder Manager genießen die Ruhe und den Komfort, den die meisten Betriebe mittlerweile bieten.

Raushalten will ich mich nicht

Die finanzielle Not meiner Kollegen lässt mich nicht kalt. Oft denke ich darüber nach, warum das System krankt. Warum greift die Politik nicht ein? Was muss getan werden, um schnellstmöglich eine Besserung herbeizuführen? Eines ist klar: Der Weltmarkt ist mit all seiner Härte – aber auch mit seinen Chancen, da. Nahrungs- und Futtermittel aus allen Kontinenten werden über die Meere gefahren oder geflogen. Ob es sinnvoll ist, das wage ich manchmal zu bezweifeln. Wenn der Preis passt, dann steht halt die neuseeländische Milch im deutschen Kühlregal. Hauptsache die Marge der Discounter erfüllt die Vorgaben der Konzerne.

Es geht aber auch anders

Zum Glück gibt es Verbraucher, denen nicht egal ist, woher die Produkte kommen. Sie möchten Nahrungsmittel aus der Region kaufen. Vielleicht kennen sie sogar den Bauern aus dem Nachbarort und wissen, dass dieser fleißig und ordentlich wirtschaftet, sorgsam mit seinen Tieren umgeht, und in letzter Zeit viel investiert hat. Er hat die heimische Wirtschaft unterstützt und sitzt jetzt auf einem Schuldenberg, den er abbezahlen muss. Bei einem Milchpreis von 20 Cent je Liter geht das aber nicht. Der Bauer lebt von der Substanz und verkauft vielleicht sogar Betriebsflächen, um nicht Konkurs zu gehen.

Viele Verbraucher würden uns Landwirte unter die Arme greifen

Wir wissen, um den Weltmarkt kommen wir nicht herum. Wir wissen aber auch, dass ein wesentlicher Teil der Gesellschaft bereit ist, für Lebensmittel, die in bäuerlichen Familienbetrieben erzeugt werden, mehr zu bezahlen. Dies zeigt eine Studie des Lehrstuhls „Marketing für Lebensmittel und Agrarprodukte" der Uni Göttingen. Demnach bemängelt die Mehrheit der befragten Personen, dass vor allem bei Milchprodukten ein deutliches Missverhältnis zwischen dem Ladenpreis und dem, was der Landwirt erhält, herrscht. Diese Situation muss uns doch zu denken geben!

Kunden leisten einen Solidarbeitrag am Milchregal

Jetzt zu meiner Idee aus dem Melkstand: Warum montieren wir am Kühlregal nicht ein Bezahlsystem, bei dem der Kunde freiwillig einen Betrag überweisen kann, der auf ein Sammelkonto gebucht und direkt an den Milchlieferanten ausbezahlt wird? Auf diese Weise kann der Kunde seine Wertschätzung ausdrücken. Sein Solidarbeitrag kommt genau da an, wo er gebraucht wird – beim Bauern. Ohne, dass sich dazwischen jemand die Finger ableckt.

In Schweden wurde so ein System nach Angaben der Fachzeitschrift „Elite" schon eingeführt. Dort können die Verbraucher einen freiwilligen Aufschlag von 10 Cent für die Bauern leisten. Sage und schreibe zwei Drittel bezahlen diesen Zuschlag. Es dürfte doch in der heutigen Zeit kein Problem sein, so ein System auch in Deutschland technisch umzusetzen.

Wenn der Kunde die Gewissheit hat,
dass sein Beitrag beim Landwirt landet,
dann ist er auch bereit,
ihn über den Ladenpreis hinaus zu unterstützen.

Ich bin der Meinung, dass dies neben all den flankierenden Maßnahmen, die dazu dienen, uns Bauern aus der Not zu retten, eine unkomplizierte und vertrauenswürdige Aktion wäre. Wenn der Kunde die Gewissheit hat, dass sein Beitrag beim Landwirt landet, dann ist er auch bereit, ihn über den Ladenpreis hinaus zu unterstützen. Dessen bin ich mir sicher.

Also, Bauern, nehmen wir das in die Hand, und zwar selber. Nicht die Herren von Aldi. Und wenn keiner weiß wie, dann fahren wir halt nach Schweden. Ein Betriebsausflug kann nie schaden. Reisen bildet und erweitert den Horizont.

Stärkung der Landwirtschaft

Viele deutsche Verbraucher wünschen und gönnen den Landwirten höhere Erzeugerpreise. In Umfragen geben sie regelmäßig an, dass sie bereit wären, mehr zu zahlen, wenn das Geld denn tatsächlich bei den Bauern ankommt. Das gilt besonders für die Milchpreise.
Die Realität sieht allerdings oft anders aus: In deutschen Kühlregalen gibt es Angebote, die den Landwirten einen Milchpreis von 40 Cent pro Kilo garantieren (z. B. Faire Milch). Die Absatzzahlen sind aber extrem gering. Die meisten Verbraucher greifen zum billigsten Produkt.
In Schweden hat die führende Supermarkt-Kette Ica für sechs Monate einen „Milchbauern-Soli" von 10 Cent pro Kilo von den Verbrauchern verlangt. Zwei Drittel der Verbraucher sollen diesen unterstützt haben.

HAST DU SCHON MAL MILCH GETANKT?

Nein, nicht so, wie du jetzt denkst. Nicht fürs Auto. Dafür ist eine Milchtankstelle nicht gedacht. Wenn du dort frische Milch tankst, dann kannst du dir selber was Gutes tun. Und auch den Bauern.

Eine Milchtankstelle hat viele positive Effekte: Der Landwirt kann einen Teil seiner Milch an einem Milchautomaten höherwertig verkaufen als über die Molkerei. Das ist in Zeiten, in denen der Milchpreis so niedrig ist wie derzeit, ganz wichtig. Klar, der Landwirt hat auch einen größeren Aufwand. Die Milchtankstelle muss erst mal bezahlt werden, und meist wird noch ein Gebäude drum herum gebaut. Der Automat muss regelmäßig befüllt, gereinigt, und gewartet werden.

Den entscheidenden Vorteil sehe ich aber darin, dass „der Bauer und die Kuh wieder ins Dorf" kommen. Wenn ihr mal in eure Dörfer und Städte blickt, wie viele Bauern gibt es dann noch, und von wem könnt ihr frische Milch kaufen? Wenn ich unsere Feriengäste gelegentlich frage, dann kommt meist die Antwort: „Bei uns, da gibt es keine Milchbauern mehr. Und wenn, dann nur ganz Große, die ihren Stall weit außerhalb haben."

Regionalität ist wieder „in"

Der Anteil der Konsumenten, die Produkte aus der Region kaufen, steigt stetig. Auch die großen Handelsketten haben erkannt, dass ihre Kunden verstärkt danach fragen. Jeder clevere Händler platziert die regionalen Erzeugnisse im vordersten Regal und wirbt mit Bildern von bärtigen Bauern mit ihren glücklichen Kühen auf der Weide.

Viele Landwirte runden ihr Angebot außerdem mit Handelsprodukten von Kollegen ab. Der Kunde muss sich nicht nur wegen der frischen Milch auf den Weg machen. Wenn dort Eier, Marmeladen, Honig, Nudeln, usw. angeboten werden, dann ist der Grundbedarf für eine Familie schon fast gedeckt.

Kurze Transportwege

Die kurzen Warenströme haben auch aus umwelttechnischer Sicht klare Vorteile. Milch aus dem Allgäu, die muss nicht unbedingt im Kühlregal in Hamburg stehen. Dort oben, da gibt es auch Molkereien. Als ich kürzlich mit dem Reisebus nach Hannover unterwegs war, war ich erschrocken, wie viele Lkw Tag und Nacht unterwegs sind. Ich bin mir sicher, dass viele Transporte eingespart werden können, wenn die Kunden mehr Produkte aus ihrer Gegend kaufen.

Nicht zu vergessen sind die sozialen Aspekte

Ein Milchautomat, der steht meist an Stellen, die entweder gut mit dem Auto zu erreichen sind, oder dort, wo sich viele Menschen aufhalten. Ich habe schon einige Milchtankstellen gesehen, die hübsch dekoriert waren und eine kleine Sitzbank unter dem Vordach stehen hatten. Die Leute haben sich dort getroffen, sich unterhalten und Neuigkeiten aus dem Dorf ausgetauscht. Auf diese Weise kommt wieder Leben in die Gemeinde. Ich kann mir gut vorstellen, dass auch ältere Bürger diesen Service in ihrem Ort schätzen. Wer kein Auto besitzt und auf öffentliche Verkehrsmittel angewiesen ist, der ist sicher froh, wenn er im Ort einkaufen kann.

Wertvolles Angebot für Feriengäste

Im Urlaub, da ticken die Uhren anders. Die Gäste erholen sich. Sie genießen ihre Freizeit und das kulinarische Angebot. Da wird nicht jeder Cent umgedreht. Wer an einem lauen Sommerabend spontan Lust auf eine Grillparty hat, der fährt zum Regiomaten und kauft sich dort die entsprechenden Zutaten. Rund um die Uhr.

Auch das beliebte Mitbringsel aus dem Urlaub für die Familie oder die Nachbarn, die sich zu Hause um die Blumen gekümmert haben, kann man hier erwerben. Wer diese regionalen Produkte als Dankeschön aus dem Urlaub mitbringt, der kann sich sicher sein, dass seine Anerkennung gut ankommt.

Ein gutes Image für die Landwirtschaft

Ich bin fest davon überzeugt, dass so ein schlüssiges Konzept wie oben beschrieben dem Image der Landwirtschaft sehr förderlich ist. Wenn der Konsument dieses schmucke Häuschen und die eindrucksvolle Präsentation der Produkte sieht, ist er sicherlich begeistert.

Für die Zukunft wünsche ich mir, dass noch mehr Bauern den Schritt in diese Richtung wagen. Voraussetzung ist allerdings, dass ein ausreichender Kundenstamm und die Arbeitskapazitäten langfristig vorhanden sind.

LANDWIRTSCHAFT 4.0 — GROSSE HERAUSFORDERUNGEN WARTEN AUF UNS

Immer technisierter, immer teurer, immer größer. Ist es das, was wir Landwirte wollen? Die Industrie, ja, die ist bestrebt, uns die teure Technik zu verkaufen. Auch der Verpächter, der möchte viel Geld für das Land, das er an uns verpachtet. Aber wollen wir Landwirte wirklich immer größer? Das Rad, sagen wir mal das Mühlrad mit den schweren Steinen, noch schneller drehen? Viele Landwirte vergessen bei den Pachtabschlüssen, dass auch sie älter werden. Aber Hauptsache, man hat das Feld gepachtet. Dem Nachbarn weggeschnappt. Was das Ganze kostet, ob es sich überhaupt rechnet, so weit zu fahren – das ist egal. Die Preise für die landwirtschaftlichen Produkte werden doch bestimmt wieder steigen, und dann rechnet es sich halt später. So denken viele Kollegen.

Und das Rad dreht sich...

Das Mühlrad dreht sich immer schneller, obwohl unsere Leistungsfähigkeit – biologisch begründet – abnimmt. Vielen meiner Kollegen wächst alles über den Kopf. Sie kommen mit der täglichen Arbeit nicht mehr hinterher. Passiert dann in der Familie noch etwas Unerwartetes, die Eltern werden zum Beispiel pflegebedürftig, dann gibt es den großen Knall. Burn-out ist auch in der Landwirtschaft ein Thema, obwohl wir doch so schön in und mit der Natur arbeiten. Nicht zu vergessen: Wir machen uns zu Sklaven der Bürokratie, der Auflagen aus Brüssel, der Großkonzerne, die uns das Saatgut und die Chemie aufdiktieren. Wenn es hart auf hart kommt, dann sagen uns auch die Banken, wo es langgeht. Den freien Landwirt, den gibt es schon lange nicht mehr.

> Wir müssen Gutes tun und darüber reden, schreiben, netzwerken. Wenn wir es dann noch schaffen, Verarbeiter zu finden, die unsere hochwertigen Produkte zu schätzen wissen, dann haben wir gewonnen.

Wir stehen an einer Klippe. Unter uns das tosende Meer — der Weltmarkt

Es ist Zeit, das Steuer rumzureißen und selber in die Hand zu nehmen. Die Technik ist mittlerweile so ausgereift, sie kann uns nicht mehr viel Nützliches bieten. Nur noch Nuancen. Ich bin kein Technikfeind, auch als Biobauer nutze ich die Vorzüge der Hightech. Allerdings nur im kleinen Rahmen.

Inzwischen haben z.B. die landwirtschaftlichen Fahrzeuge ungeahnte Dimensionen erreicht. Die Straßen werden zu eng, und die Lasten zu groß.

So kann es nicht weitergehen. Die Bäume wachsen nicht unbegrenzt in den Himmel. Die Landwirtschaft muss wieder zurück zu ihren Wurzeln. Es darf nicht so weit kommen, dass nur noch Banker, Fondsgesellschaften und Agrokonzerne das Land beherrschen. In vielen Teilen der Erde ist das aber schon so. Nur wir bekommen das nicht mit. Es gibt sicher keinen Königsweg aus der Misere. Und von heute auf morgen lösen wir die Probleme auch nicht.

Landwirtschaft 4.0 — ist das die Lösung?

Ich behaupte, wir Landwirte müssen raus aus unserer Ablievermentalität, hin zu mehr Kundenorientierung. Wir müssen unsere Hoftore öffnen. Ob wir das im praktischen Sinne tun, indem wir Schulklassen, interessierte Bürger oder ausländische Gäste durch den Betrieb führen, oder uns in Social Media-Kanälen und über das Fernsehen präsentieren, oder Bauernhofurlaub anbieten, das ist egal. Hauptsache wir outen uns.

Wir müssen Gutes tun und darüber reden, schreiben, netzwerken. Wenn wir es dann noch schaffen, Verarbeiter zu finden, die unsere hochwertigen Produkte zu schätzen wissen, dann haben wir gewonnen. Dazu braucht es u. a. handwerkliche Betriebe in der Region, die Spezialitäten herstellen und hochpreisig verkaufen. Heute sagt man dazu „Win-win"-Situation.

Der Einblick in unser Tun und in die Verfahrensabläufe dient auch dazu, dass der Verbraucher wieder Vertrauen und Akzeptanz gewinnt. Ich bin mir sicher, dass gerade die junge Generation und junge Familien wissen möchten, was sie auf dem Tisch haben. Es darf aber keiner glauben, dass es dies alles zum Nulltarif gäbe. Gutes hat seinen Preis, und das ist auch gerechtfertigt.

Ich gebe die Hoffnung nicht auf, dass sich etwas ändert. Nur ewig zuschauen, das geht nicht. Dann sind unsere Familienbetriebe bald pleite. In unserer Region zum Weltmarktpreis produzieren, das ist ein Ding der Unmöglichkeit.

Arbeiten wir an der Zukunft und versuchen, es besser zu machen.

Burn-out in der Landwirtschaft

Auch bei Deutschlands Landwirten steigt wie bei anderen Berufsgruppen die Zahl psychischer Erkrankungen. Experten sehen mehrere Ursachen: hohes Arbeitspensum, wirtschaftlicher Druck – und der innere Antrieb, immer weiterzumachen. Außerdem vermischt sich auf dem Hof Privates und Berufliches ständig. Etwa bei jedem sechsten Landwirt waren bundesweit im Jahr 2013 nach Angaben der Sozialversicherung für Landwirtschaft, Forsten und Gartenbau Burn-out, Depressionen und andere psychische Erkrankungen die Ursache für Erwerbsminderungen (16,72 %).
Flächendeckend bietet die Bundesarbeitsgemeinschaft „BAG Familie und Betrieb" mit der ländlichen Familienberatung eine Unterstützung an, die jede Bauernfamilie wahrnehmen kann.

DIE STRENGSTEN ELTERN
DER WELT

Warum die Redakteurin Renate K. ausgerechnet auf unseren Hof kam, das kann ich mir bis heute nicht genau erklären. Vermutlich hat sie im Internet nach einem schönen Bauernhof im Allgäu in herrlicher Lage gesucht, der sich für Filmaufnahmen eignet. An die E-Mail kann ich mich noch gut erinnern. Renate erwähnte, es kämen zwei Mädels auf den Hof, die zwar ein wenig Betreuung bräuchten, aber dennoch auf dem Hof mitarbeiten. Ich solle mir typische Frühjahrsarbeiten ausdenken, wie Zäune bauen, Brennholz holen, Rinder scheren und so weiter. Die Serie „Die strengsten Eltern der Welt" wäre sehr bekannt. Es sei eine gute Werbung für uns, und wir bekämen außerdem noch eine angemessene Gage.

Das klang doch verlockend, dachte ich mir. Als durchgewaschener Optimist wollte ich sofort zusagen, aber vorher musste noch meine Frau, die Irmi, überzeugt werden. Das war keine leichte Aufgabe, denn Irmi betrachtet solche Angebote normalerweise erst mal kritisch. Nach langem Hin und Her kamen wir auf den gemeinsamen Nenner, man könne der Renate antworten, dass man sich die Teilnahme an der Sendung vorstellen könne, allerdings sei man auch nicht böse, wenn nichts daraus würde.

Wir bekamen Besuch ...

Die Antwort auf meine Mail kam wie aus der Pistole geschossen. Wie Renate mir später mal beichtete, stand sie damals total unter Druck. Der Sendetermin stand fest, die beiden Mädels waren gefunden und engagiert, nur kein Bauer erklärte sich bereit, bei der Sendung mitzumachen und die Strapazen auf sich zu nehmen. Als wir dann unsere Bereitschaft zeigten, gab Renate Vollgas. In mehreren Telefonaten schwärmte sie von dem guten Werbeeffekt der Sendung. Sie schickte uns Ausschnitte von früheren Sendungen zu – allerdings von äußerst harmlosen Szenen.

Der Überzeugungskunst von Renate war es zu verdanken, dass die beiden jungen Damen, mit einem Kamerateam im Gefolge, eines Sonntagabends vor der Tür standen. Nach einer freundlichen Begrüßung sollten die beiden Mädels, Marie und Beverley, ihre Handys bei uns abgeben, um den Kopf „frei" zu bekommen. Dieser Schuss ging allerdings gewaltig nach hinten los. Bis dato konnte ich mir nicht vorstellen, dass man wegen so eines kleinen Geräts ein solches Theater aufziehen konnte. Die beiden schliefen lieber eine ganze Nacht auf dem Teppichboden, als dass sie uns ihr Smartphone überließen. Das ging ja schon gut los, dachte ich mir. Wie sollte die Woche bloß enden …

Die kommenden Tage verbrachten wir damit, einen klitzekleinen Teil unseres geplanten Pensums abzuarbeiten. In einer Beziehung waren sich die beiden Damen, die sich vorher nicht kannten, einig: Erst mal diskutieren und Widerstand leisten. Zeit hatten die zwei ja genug. Irmi und ich hatten diese Zeit jedoch nicht. Unser Betrieb musste ja weiterlaufen. Infolgedessen saßen wir auf Kohlen. Irmi und ich waren uns aber auch einig, dass wir auf keinen Fall klein beigeben würden. Mit konsequenter Erziehung haben wir aus unseren beiden Kindern vernünftige Jugendliche herangezogen. Dies musste doch bei den zwei Gören auch funktionieren, dachten wir.

Ein Wechselbad der Gefühle

Es blieb also nichts anderes übrig, als mit äußerster Geduld auf das zu beharren, was wir von den zwei verlangten. Erste Erfolge konnten wir Mitte der Woche verzeichnen, als Marie dabei half, eine Ferienwohnung zu putzen und Beverley mich beim Stall ausmisten unterstützte. Dieses positive Ergebnis konnten wir allerdings nur erzielen, weil die Jugendlichen voneinander getrennt waren. Dies war der Moment, in dem ich neuen Mut schöpfte und mir bewusst wurde, dass dieses Konzept bei der Therapie von schwer erziehbaren Kindern sehr hilfreich sein könnte.

Der Tag, an dem die zwei nach gewissen Startschwierigkeiten ihre Arbeit verrichteten, war auch der Tag der großen Gefühle. Sie erkannten unsere Hartnäckigkeit und damit ihre ausweglose Situation. Daheim, bei den Eltern, da konnten sie sich durchmogeln. Hier in der Fremde, da wehte ein anderer Wind. Beide weinten sich aus, und erzählten ein klein wenig davon, wie es daheim zugeht. Diese Welt, in der die beiden Mädchen lebten, war für uns völlig fremd. Dort ging es nur um Chillen und Konsum. Woher das Geld für die Konsumgüter kam, das interessierte niemanden. Die Hauptsache war, dass man seinen Kopf durchsetzte und die Eltern nachgaben.

Für uns war so ein Verhalten undenkbar. Unsere Kinder mussten schon von klein auf mithelfen und angemessene Aufgaben auf dem Hof erledigen. Daher stammen letztendlich ihre Wertschätzung für und ihr vernünftiger Umgang mit Lebensmitteln und anderen materiellen Gütern. Sie wissen, dass man gerade als Bauer hart arbeiten muss, um sich etwas leisten zu können.

Diese Erkenntnis, so hofften wir, sollte sich bei Beverley und Marie auch einstellen. Frisch motiviert fuhr ich mit den beiden tags darauf in den Wald, um Zaunpfähle herzustellen. Überraschenderweise ignorierten sie meine Anweisungen. An Mithilfe war gar nicht zu denken. Die beiden blockten ab und liefen den weiten Weg zu Fuß im Tiefschnee nach Hause. Angesichts dieses Rückschlages war ich völlig perplex. Ich war mit meinen psychologischen Fähigkeiten am Ende.

Raue Schale, weicher Kern

Ein Lichtblick war die Geburt eines kleinen Kälbchens. Als ich Marie und Beverley davon erzählte, erhellten sich ihre Minen. Ohne die Stallkleidung anzuziehen, folgten sie mir in ihren modischen Outfits in den Stall, rieben das frisch geborene Kalb mit Handtüchern trocken und versorgten es mit der ersten Muttermilch. Von Weitem beobachtete ich, wie sich die beiden liebevoll um das Kälbchen kümmerten und dachte mir, dass in einer rauen Schale doch ein weicher Kern stecken kann, wie das alte Sprichwort sagt.

Mit diesen Eindrücken gingen die Woche und das Wechselbad der Gefühle zu Ende. Beim Abschied boten wir den Mädchen an, dass sie in den Ferien gerne noch mal zu uns kommen könnten, um das Gelernte zu vertiefen. Irmi und ich haben uns – ehrlich gesagt – lange überlegt, ob wir dieses Angebot machen sollen, oder nicht. Wir waren aber überzeugt davon, dass wir den Anstoß dafür gegeben haben, dass die Mädchen ihr Fehlverhalten einsahen. Vielleicht würden sie sogar eine Art „neues" Leben zu Hause beginnen. Dabei wollten wir sie weiterhin unterstützen.

Als die zwei dann abends in den VW-Bus einstiegen und die Türen hinter ihnen zufielen, fiel auch eine Art Last von mir, die mich bedrückte. So ein Erlebnis hatte ich noch nie. Ganz komisch.

Ich war wieder frei, genoss ein intaktes Familienleben und vor allem gut erzogene Kinder, die ihre Eltern respektierten.

Wenn die Milchlieferanten jahrelang geknechtet werden, dann bleiben diese irgendwann mal aus und schließen ihre Stalltore für immer. Dann ist es vorbei mit der Bauernromantik.

EIN FAIRES MITEINANDER, STATT AUSBEUTUNG

Etwas, das mich als Bauer sehr beschäftigt, ist die fehlende Fairness im Handel mit unseren Geschäftspartnern. Dass viele nachgelagerte Industrien und Handelsketten mit uns Bauern Geschäfte machen, aber keineswegs daran denken, wie Geschäfte in den landwirtschaftlichen Betrieben laufen. Ich bin der Meinung, wir brauchen dringend mehr Miteinander. Sonst bleiben die Bauern auf der Strecke.

Mit meinen Gedanken möchte ich die Molkereien und den Handel aufrütteln. In den Chefetagen muss endlich die Message ankommen: „Wir sitzen alle in einem Boot". Jeder braucht den anderen. Wenn die Milchlieferanten jahrelang geknechtet werden, dann bleiben diese irgendwann mal aus und schließen ihre Stalltore für immer. Dann ist es vorbei mit der Bauernromantik. Wo die Milch dann herkommt, und was mit der Landschaft passiert, das ist die große Frage.

Milchpreis

Im Jahr 2016 fiel der Milchpreis erstmals auf unter 20 Cent pro Liter. Um kostendeckend wirtschaften zu können, bräuchten die rund 75.000 Milchbauern in Deutschland einen Erzeugerpreis von etwa 40 Cent pro Liter.

Die Erzeugermilchpreise sind im Juni 2017 in der EU im Schnitt gestiegen. Auch Deutschlands größte Molkerei DMK erhöhte auf 33,90 Cent je Kilogramm Milch.

Wir sollten mehr fordern

Sollte sich diese Einsicht nicht durchsetzen, dann müssen wir uns andere Alternativen überlegen. Spontan fallen mir dazu die jährlichen Viehscheide ein. Dieses Ereignis habt ihr doch sicher auch schon mal erlebt. Unzählige Gastronomen, Busunternehmer und Souvenirgeschäfte verdienen sich jedes Jahr ein goldenes Näschen dabei. Und die Bauern, die gehen bei diesem Spektakel leer aus. Das würde ich sofort ändern: Künftig kostet es etwas, wenn das Vieh im schönsten Schmuck ins Tal getrieben wird. Warum sollen die Bauern die ganze Arbeit umsonst tun? Die ganzen Vorbereitungen, das Schmücken der Rinder – all das erfordert viel Zeit, und die muss bezahlt sein. Dann werden eben Tickets verkauft. Ein Faschingsumzug kostet doch auch Eintritt. Dafür bezahlt jeder einen Obolus, und keiner meckert.

Für den Landwirt, der am Almabtrieb mit seinen Rindern geknipst wurde, gibt es vielleicht Almosen für die Bildrechte. Das ist aber auch alles. Das ganz große Geschäft, das machen dann andere. Die Molkereien und der Handel werben heutzutage mit Regionalität. Das Geschäft boomt, egal ob der Milchpreis hoch ist, oder niedrig. Milchauszahlungspreise von knapp über 20 Cent, wie sie vor kurzer Zeit noch üblich waren, die sind ruinös. Damit kann der beste Bauer nicht überleben.

Wir Bauern werden auf Hochglanzprospekten oder auf Milchtüten gerne klischeehaft mit Trachtenhut, Rauschebart, Lederhose und Haselnussstock dargestellt. Eine Herde Rinder hinter sich herlaufend. So stellt man sich den bodenständigen Landwirt vor. Viele Kunden werden auch glauben, dass die Realität so aussieht.

Mengenbegrenzungen, Schutzzölle und Direktvermarktung

Wenn wir Bauern am Hauptprodukt nichts mehr verdienen, dann müssen die Erträge über die Nebengeschäfte laufen. Genauso wie in der Autoindustrie. Das Grundmodell eines Pkw ist meist erschwinglich. Teuer wird es beim Zubehör und den Extras. Genauso müssen wir Bauern auch denken.

Was ich an unserem Beruf so schätze,
das ist die Freiheit, der Kontakt
zur Natur, zu den Tieren,
das hautnahe Erleben der Jahreszeiten.
Jeder Tag ist anders.

Der Kunde, der etwas Besonderes will, der muss einfach tiefer in die Tasche greifen. Und wir müssen diesen Preis selbstbewusst verlangen und durchsetzen.

Mit dem Problem des „Das bekommen, was am Ende übrig bleibt", stehen wir Milchbauern nicht alleine da. Den Fleisch-, Getreide- und Gemüsebauern ergeht es ähnlich.

Einen Ausweg aus diesem Dilemma sehe ich unter anderem in gesteuerten Mengenbegrenzungen und der Einführung von Schutzzöllen für unsere Produkte. Dies wird sich aber in unserem, zum Wohl der Industrie gegründeten Europa, schwer durchsetzen lassen. Mich würde es wundern, wenn dagegen nicht eine Unmenge von Gesetzen steht.

Dann wäre da noch die Direktvermarktung. Bei dieser Methode wird der Zwischenhandel ausgeblendet, was allerdings meist mit einem hohen Investitions-, Personal- und Zeitbedarf verbunden ist.

Am Ende bliebe noch der eigenständige Aufbau von Vermarktungsstrukturen unter bäuerlicher Führung oder die direkte Beteiligung der Landwirte bei bestehenden Handelspartnern. Auf jeden Fall muss das bestehende Vermarktungssystem flexibler und durchgängiger werden. Wir müssen den Fuß in die Bürotür der Händler bekommen. Bisher stehen wir außen vor.

Im Kern ist das Ziel, dass der Erzeuger in der Produktions- und Handelskette als gleichwertiger Partner angesehen und behandelt wird.

WARUM ICH SO GERNE BAUER BIN

Die heftigen, teils kritischen Diskussionen in und um die Landwirtschaft, speziell um den Verbraucherartikel bei www.Bauer-Willi.com, haben mich veranlasst, die Sache jetzt einmal aus einem anderen Blickwinkel darzustellen. Denn ich bin gerne Bauer. Ich liebe meinen Beruf. Ich möchte nichts anderes sein. Und ich möchte die Menschen lieber positiv motivieren und informieren. Die Konsumenten der Nahrungsmittel, die wir erzeugen, sollten sich mit uns Bauern und der Landwirtschaft intensiver beschäftigen, Vorgänge hinterfragen und uns vor allem Vertrauen und Wertschätzung schenken. Ich möchte hier deshalb einmal darstellen, was für einen einzigartig abwechslungsreichen, interessanten Beruf ich gewählt habe.

Was macht denn unseren Beruf so erfüllend?

Das ist zum einen die Fortführung der Tradition. Stolz darauf zu sein, das Ererbte zu bewahren, auszubauen, zu verbessern und es wieder an seine Kinder weiterzureichen. Was ich an unserem Beruf so schätze, das ist die Freiheit, der Kontakt zur Natur, zu den Tieren, das hautnahe Erleben der Jahreszeiten. Jeder Tag ist anders. Monotonie, die ist fehl am Platz. Ich kann selbst entscheiden, was ich heute erledige und was nicht. Wenn im Frühjahr das Gras sprießt, wenn die erste Fuhre frisch gemähtes Gras duftend auf dem Futtertisch liegt, und die Kühe voller Freude Bissen um Bissen genussvoll in sich reinstopfen. Wenn das Jungvieh übermütig über die Weiden galoppiert, das sind Augenblicke der Freude, die gehen ganz tief rein…

Klar, als Landwirt, besonders als Milchviehhalter, bin ich 365 Tage im Jahr erster Mann im Betrieb. Egal was passiert oder geplant ist, egal ob Krankheit, Familienfeier oder sonstige Ereignisse – die Stallarbeit muss zweimal am Tag erledigt werden. Notfalls auch nachts.

Und wenn in ganz modernen Betrieben mittlerweile Roboter ihren Dienst in den Ställen verrichten, ist der Landwirt in Gedanken immer mit dem Betrieb verbunden. Auch im Urlaub, sofern sich der für die Familie ergibt. Und na-

türlich gibt es auch manchmal Sorgen um eine kranke Kuh oder um das eine oder andere Kälbchen, dem es nicht gut geht. Gibt es auch Stress? Eindeutig. Zum Beispiel bei der Futterernte, wenn alles auf eine Karte gesetzt wird, damit das Futter ohne viele Verluste in die Scheune kommt.

Da müssen die Maschinen zuverlässig arbeiten, die Helfer organisiert sein, das Wetter passen, zwischendurch kalbt auch noch eine Kuh oder es kommt ein Vertreter daher…

Aber die anderen Momente wiegen das doch alles wieder auf. Ich spüre das selbst immer wieder, und sehe es auch an unseren Urlaubsgästen: Genau dieser Kontakt zur Erde, zur Natur, das ist es, was den technisierten Menschen heutzutage fehlt. Viele unserer Gäste helfen freiwillig und gerne im Stall mit, sie wollen eine Zeit lang mein Leben leben. Sie beobachten hingebungsvoll unsere Tiere und versorgen sie. Wenn ich das sehe, fühle ich mich in meinem Beruf schon ein bisschen privilegiert. Und der Nebeneffekt: Die Feriengäste bekommen einen anderen Bezug zur Milch, zum Käse und zu den anderen Nahrungsmitteln, die wir erzeugen. Sie merken, wie viel Arbeit und Mühe dahintersteckt und dass die Milch nicht „einfach so" aus dem Kühlregal des Supermarktes kommt. Vor allem Kinder lernen und begreifen bei uns, wie diese Lebensmittel entstehen, und dass sie wertvoll sind. Das sind kleine Schritte, aber sie ermuntern sehr.

Eines steht für mich fest: Geld ist nicht alles. Um reich zu werden, eignet sich dieser Beruf in den meisten Fällen nicht. Aber mit der richtigen Einstellung kann man damit glücklich werden — ich bin es auf jeden Fall.

SERVUS,

eigentlich heiße ich Franz-Josef und bin mittlerweile 52 Jahre alt. Meine Eltern dachten sich bei der Namensgebung, dass meine beiden Opas, Franz und Josef zur Geltung kommen sollten. Dieser Plan hat aber nur eine gewisse Zeit funktioniert, denn inzwischen rufen mich die Gästekinder auf dem Hof nur noch „Bauer Franz". „Bauer Franz" genannt zu werden, das betrachte ich als etwas Besonderes. Für mich ist es eine Auszeichnung – eine Art „Titel".

Mit vier Geschwistern und den Nachbarkindern durfte ich eine erlebnisreiche Kindheit genießen, an die ich mich heute noch gerne erinnere. So ein Aufwachsen in ländlicher Umgebung, das würde ich am liebsten allen Kindern gönnen.

Mittlerweile lebe ich mit meiner Frau Irmi und den beiden Kindern Thomas und Kathrin auf einem wunderschönen Bauernhof im Allgäu. Wir kümmern uns um unsere Tiere, ernten was die Wiesen, der Garten und der Wald uns schenken, und bieten zusätzlich Urlaub auf dem Bauernhof an.

Dabei lernen wir viele, ganz verschiedene Menschen kennen, die gemeinsam mit uns die schönste Zeit des Jahres verbringen.

Insgesamt betrachtet führen wir ein beneidenswertes Leben in einem kleinen Paradies. Kein Tag ist wie der andere, und jeder Tag hält eine neue Geschichte bereit.

Einige davon habe ich für euch festgehalten. Ich hoffe, sie gefallen euch. Vor allem hoffe ich, dass das Leben noch viele Überraschungen bietet, die ich euch dann ein andermal lesen lasse.

NACHWORT

Liebe Leser,

in den vorausgegangenen Geschichten habt ihr meine Gedanken verfolgt. Ich hoffe, ihr konntet spüren, mit welcher Leidenschaft ich meinen Beruf ausübe.

Ein besonderer Dank gilt meiner Familie, die dafür Verständnis hatte, wenn ich unzählige Abende im Büro saß, an den Texten brütete und passende Bilder sortierte.

Auch meinen Kühen bin ich zu Dank verpflichtet. Sie haben mich zu vielen Geschichten inspiriert. Nicht selten warteten sie geduldig auf ihren Melker, der seiner Inspiration folgend, in die Milchkammer verschwand, um ein paar Stichpunkte festzuhalten.

MEHR AUS DER BEGEISTERUNGSWERKSTATT

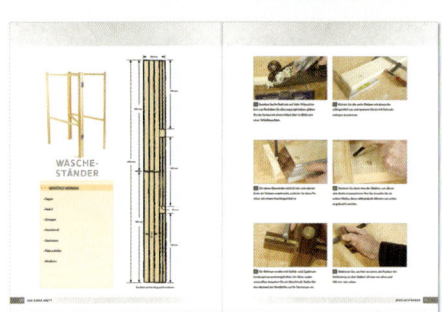

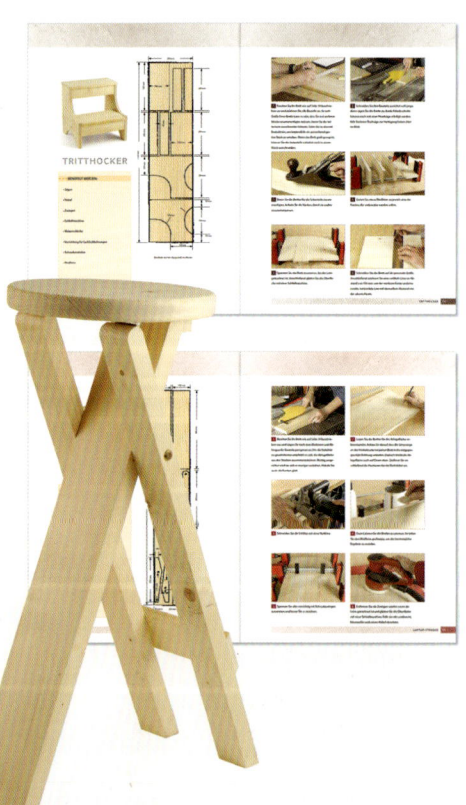

Andy Standing
Aus einem Brett
Einfache Holzprojekte
176 S. | Format: 21 x 27,6 cm | € 20,–
ISBN 978-3-7843-5523-8

Großes bauen aus einem einzigen Brett

- Schicke Buchstützen und persönlich angepasste Werkzeugkisten, solide Messerblöcke, Schuhregale und vieles mehr – alles aus nur einem Brett gebaut.

Ben Law
Das große Wald-Werk-Ideenbuch
216 S. | Format: 26,5 x 22 cm | € 29,95
ISBN 978-3-7843-5445-3

Lebens- und Werkraum Wald

Dieser großformatige, umfassende Band von Ben Law beschäftigt sich mit einem anderen Aspekt: dem Wald als Quelle und Raum fürs Werken, Bauen und Basteln. Es werden Hölzer und andere Naturmaterialien vorgestellt, doch auch auf die Symbiose von Mensch, Pflanzen und Tiere wird eingegangen. 28 Projekte unterschiedlichster Kunsthandwerker zeigen ganz konkret und in Schritt-für-Schritt-Bildern, welche Ideen sich im und vom Wald umsetzen lassen.

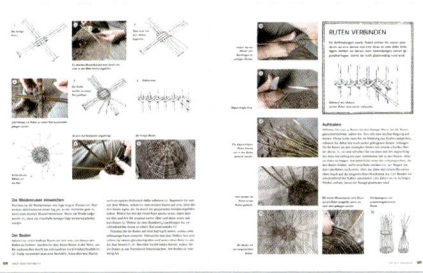

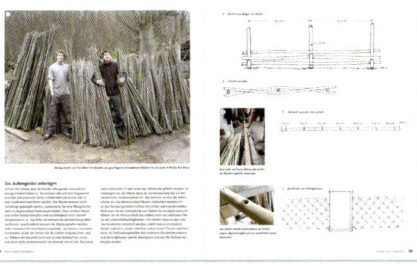

Impressum

LV.Buch im Landwirtschaftsverlag GmbH

© Landwirtschaftsverlag GmbH, Münster-Hiltrup, 2017

Herausgeber: Thomas Richter
Lektorat: Lena Lakeberg
Fotografie: Markus Bauer, www.markusb.fotograf.de, S. 36 Astrid860/iStock/thinkstock, S. 50 Halfpont/iStock/thinkstock, S. 53/59 Privat
Druck: KKW-Druck GmbH, Kempten/Allgäu

ISBN: 978-3-7843-5516-0

Quellennachweise:
S. 9   www.wormser-zeitung.de/vermischtes/leben-und-wissen/beim-kuhkuscheln-koennen-gestresste-menschen-entspannen_17044051.htm
S. 15   www.mfa-film.de/kino/id/bauer-unser
S. 16   www.milchindustrie.de
S. 22   www.statista.com
S. 33   www.bundestag.de/blob/192332/e135367c9c5de7bbfdf987adda71c606/land_grabbing-data.pdf
S. 41   www.tk.de/centaurus/servlet/contentblob/934342/Datei/59994/TK-Ernährungsstudie%202017%20Pdf%20barrierefrei.pdf
S. 65   www.boelw.de/fileadmin/pics/Bio_Fach_2017/ZDF_2017_Web.pdf
S. 83   www.umweltbundesamt.de/themen/wasser/gewaesser/grundwasser/nutzung-belastungen/fracking
S. 88   www.elite-magazin.de/newsticker/Schweden-10-Cent-Aufschlag-2474993.html
S. 97   www.svlfg.de/63-presse/serv03/serv0303/Archiv/sdl-2016-1.pdf
        www.landwirtschaftliche-familienberatung.de
S. 106   www.agrarheute.com/news/milchpreis-aktuell-auszahlungspreis-eu-molkereien